硫化铜镍矿浮选中镁硅酸盐矿物强化分散-同步抑制的理论及技术

龙涛　著

北京
冶金工业出版社
2019

内 容 提 要

本书主要介绍了硫化铜镍矿浮选中镁硅酸盐矿物强化分散-同步抑制的理论及技术，重点研究了层状镁硅酸盐矿物晶体结构、表面性质与可浮性的关系，颗粒间异相凝聚对矿物浮选行为的影响，蛇纹石表面电性的强化调控机制，固液界面浮选剂的分子间组装，并举例讲述了硫化铜镍矿强化浮选技术在实际生产中的应用。

本书可供矿物加工工程等领域的科研院所与矿山企业的研究人员和工程技术人员阅读，也可供大专院校有关专业的师生参考。

图书在版编目(CIP)数据

硫化铜镍矿浮选中镁硅酸盐矿物强化分散-同步抑制的理论及技术/龙涛著. —北京：冶金工业出版社，2019.9

ISBN 978-7-5024-8243-5

Ⅰ.①硫… Ⅱ.①龙… Ⅲ.①硫化铜—镍矿物—浮游选矿—硅酸盐矿物—分离 Ⅳ.①TD923

中国版本图书馆 CIP 数据核字（2019）第 190992 号

出 版 人　谭学余
地　　址　北京市东城区嵩祝院北巷 39 号　邮编　100009　电话　(010)64027926
网　　址　www.cnmip.com.cn　电子信箱　yjcbs@cnmip.com.cn
责任编辑　高　娜　美术编辑　郑小利　版式设计　禹　蕊
责任校对　郭惠兰　责任印制　李玉山
ISBN 978-7-5024-8243-5
冶金工业出版社出版发行；各地新华书店经销；北京建宏印刷有限公司印刷
2019 年 9 月第 1 版，2019 年 9 月第 1 次印刷
169mm×239mm；8.25 印张；156 千字；120 页
45.00 元

冶金工业出版社　投稿电话　(010)64027932　投稿信箱　tougao@cnmip.com.cn
冶金工业出版社营销中心　电话　(010)64044283　传真　(010)64027893
冶金工业出版社天猫旗舰店　yjgycbs.tmall.com
（本书如有印装质量问题，本社营销中心负责退换）

前　言

硫化铜镍矿矿物组成多样，赋存状态复杂，在浮选过程中涉及多矿相、多个界面间的相互作用。硫化铜镍矿中存在的蛇纹石、滑石等镁硅酸盐矿物，干扰硫化矿的浮选并使精矿中 MgO 含量升高，影响后续冶炼过程，严重制约着我国铜镍资源的高效利用。结合硫化铜镍矿矿石特点，针对蛇纹石、滑石等镁硅酸盐矿物进行强化分散与选择性抑制的理论与技术研究，强化硫化铜镍矿与镁硅酸盐矿物的浮选分离，是实现铜镍资源高效利用的关键。

本书内容以层状镁硅酸盐矿物为主要研究对象，采用多种试验方法与分析测试手段，重点针对镁硅酸盐矿物的强化分散与选择性抑制进行了系统深入的研究，形成了硫化铜镍矿浮选体系“固液界面离子选择性迁移–浮选剂分子间组装”调控原理，并以此为基础开发了硫化铜镍矿强化浮选技术模型。该研究对硫化铜镍矿高效浮选利用，以及矿物间强化分散与选择性抑制，具有重要的指导意义。

本书共分 7 章。第 1 章主要介绍硫化铜镍矿资源特点、硫化铜镍矿选矿生产现状与研究进展、硅酸盐矿物分散与抑制研究现状，以及研究的目的与意义。第 2 章主要介绍研究所需材料及研究方法。第 3 章主要介绍层状镁硅酸盐矿物的晶体结构和物理性质、层状镁硅酸盐矿物的表面性质及荷电机理、层状镁硅酸盐矿物可浮性及对硫化矿浮选的影响。第 4 章主要介绍硫化铜镍矿浮选中多矿相矿物颗粒间聚集与分散行为、颗粒间异相凝聚对矿物浮选分离的影响及机制、调整剂对矿物颗粒间聚集与分散行为的影响。第 5 章主要介绍蛇纹石表面 Mg 的迁移与表面电性调控机制、表面电性调控对矿物颗粒间相互作用能的影响、蛇纹石表面电性调控对多矿相矿物浮选的影响。第6章主要介绍高分子抑制剂对滑石与硫化矿可浮性的影响及机制、浮选剂在滑石与硫化矿表面的分子间组装、浮选剂分子间组装对硫化矿与滑石浮选分离的强化。第7章主要介绍硫化铜镍矿体系多矿相人工混合矿浮选分离研究、低品位硫化铜镍矿实际矿石浮选研究。

在本书的撰写过程中，作者得到了中南大学资源加工与生物工程学院冯其明教授、卢毅屏教授、欧乐明教授、张国范教授等诸多老师的大力支持，在此一并向他们表示感谢。本书是作者主持和参与诸多科研项目研究成果的结晶，如国家自然科学基金青年基金、西安建筑科技大学人才科技基金等。在此，衷心感谢国家自然科学基金委员会、中南大学、西安建筑科技大学在研究经费上给予的大力资助。特别感谢西安建筑科技大学资源工程学院对本书出版方面给予的经费支持。

虽然作者在撰写过程中尽了最大的努力，但是由于水平所限，书中疏漏之处在所难免，敬请读者批评指正。

作 者

2019年6月

目　　录

1 绪　　论

镍是一种重要的战略资源，广泛应用于现代工业，其中钢铁工业镍消耗量约占到镍总消耗量的70%[1]。世界上镍矿资源丰富，已探明陆基含镍品位高于1%的镍矿床中含有1.3亿吨金属镍[2]，但其中可通过浮选方法经济高效利用的硫化型镍矿只占40%左右，其他为红土型镍矿和硅酸镍矿。目前世界范围内金属镍的生产主要来自硫化型镍矿，约占总产量的70%[3]。我国镍资源主要为硫化型镍矿，占镍资源总量的86%左右[4]。经过多年的发展，硫化镍矿浮选工艺已取得较大进步，但随着镍矿资源的贫、细、杂化，现有的浮选工艺已经不能满足工业生产的需求。因此，开发硫化镍矿浮选新技术，实现低品位硫化镍矿的高效浮选富集，对于促进我国镍资源的综合利用和我国镍工业的发展，具有重要意义。

1.1 硫化铜镍矿资源及选矿生产现状

1.1.1 硫化铜镍矿资源的特点

世界镍储量最丰富的国家与地区是澳大利亚、加拿大、俄罗斯、中国和非洲南部，其中澳大利亚镍储量最为丰富，约为2700万吨[2]。世界硫化镍矿主要成矿带包括：加拿大安大略省萨德伯里镍矿带，加拿大曼尼托巴省莱客-汤普森镍矿带，俄罗斯科拉半岛镍矿带，俄罗斯西伯利亚诺里尔斯克镍矿带，澳大利亚坎巴尔达镍矿带，中国甘肃省金川镍矿带，中国吉林省磐石镍矿带，博茨瓦纳共和国塞莱比-皮奎镍矿带，芬兰科塔拉蒂镍矿带等。其中，加拿大安大略省萨德伯里镍矿带、俄罗斯西伯利亚诺里尔斯克镍矿带和甘肃金川镍矿带为世界三大硫化铜镍矿床。我国金属镍资源量在800万吨左右[5]，主要分布在甘肃、新疆、云南、吉林、湖北和四川等地。其中，甘肃金川特大型硫化铜镍矿床镍资源量占全国的62%[6]，金属镍产量占全国的80%以上[7]。

镍是亲铁元素，在地球中的丰度为5.8×10^{-7}，主要集中于基性、超基性岩中。在自然界，镍常呈Ni^{2+}存在，其离子半径为0.69×10^{-10}m，具有很强的亲硫性。因此在基性、超基性岩浆中，当硫含量很丰富时，镍优先与硫结合，与部分铁、铜、钴等亲硫元素一起形成硫化物熔浆，并从硅酸盐岩浆中分离出来，在一定的条件下形成硫化镍矿床[8]。硫化镍矿床中铜矿物通常与镍矿物共生，构成硫化铜镍矿床。我国最大的金川硫化铜镍矿中主要的金属硫化矿物为镍黄铁矿、紫硫镍矿、黄铜矿、磁黄铁矿和黄铁矿，主要脉石矿物包括蛇纹石、滑石、绿泥石、橄榄石、辉石、透闪石等[9]。硫化铜镍矿中主要矿物的硬度如表 1-1 所示[10]，可知滑石、蛇纹石和绿泥石是硬度很低的脉石矿物，在磨矿过程中极易泥化，影响硫化铜镍矿的浮选。金川硫化铜镍矿床中储量最大的是二矿区矿石，镍金属量占金川硫化铜镍矿床的 75%左右[5]。表 1-2 为金川二矿区富矿石主要矿物含量[11]，表 1-3 为金川二矿区贫矿石主要矿物含量[6,12]。

表 1-1 硫化铜镍矿中主要矿物的硬度

矿物类别	镍黄铁矿	黄铜矿	紫硫镍矿	磁黄铁矿	黄铁矿	磁铁矿
摩氏硬度	3~4	3~4	4.5~5.5	4	6~6.5	5.5~6.5
矿物类别	滑石	蛇纹石	绿泥石	橄榄石	辉石	透闪石
摩氏硬度	1	2~3.5	2~2.5	6.5~7	5~6	5.5~6

表 1-2 金川硫化铜镍矿二矿区富矿主要矿物组成

矿物类别	镍黄铁矿	黄铜矿	墨铜矿	磁黄铁矿	黄铁矿	磁铁矿
含量/%	3.85	1.82	0.95	8.15	0.73	6.61
矿物类别	蛇纹石	绿泥石	滑石	橄榄石	辉石	透闪石
含量/%	46.45	3.45	0.88	18.73	1.79	3.94

表 1-3 金川硫化铜镍矿二矿区贫矿主要矿物组成

矿物类别	镍黄铁矿	紫硫镍矿	黄铜矿	磁黄铁矿	黄铁矿	磁铁矿
含量/%	0.1	1.0	0.6	微量	1.2	7.9
矿物类别	蛇纹石	绿泥石	滑石	橄榄石	辉石	透闪石
含量/%	30	4	7	20	9	10

硫化铜镍矿石原矿镍品位一般较低，需要通过选矿富集后再进行铜镍冶炼。目前比较成熟的选矿方法是通过浮选分离金属硫化矿物与硅酸盐脉石矿物，经过浮选得到铜镍混合精矿，或得到单独的铜精矿与镍精矿。一般采用火法冶炼处理硫化镍浮选精矿。镍品位低于 6.5%、MgO 含量大于 6.8%的低品位浮选精矿通过电炉熔炼得到低镍锍，镍品位高于 6.5%、MgO 含量小于 6.8%[13]的高品位浮选精矿通过高效低耗的闪速炉熔炼得到低镍锍。低镍锍主要成分为 Ni_3S_2、FeS 和 Cu_2S，脱除了大部分的钙、镁和硅杂质[14]。但低镍锍的成分组成不能满足精炼工序的处理要求，一般通过卧式转炉对低镍锍作进一步处理。经过转炉吹炼得到的高镍锍主要成分为 Ni_3S_2 和 Cu_2S，除去了大部分的铁、砷、锑和锌等杂质。由于高镍锍为硫化镍和硫化铜的混合物，在精炼之前需要进行铜镍分离。目前比较成熟的铜镍分离方法为磨浮法[15]，将高镍锍缓冷、破碎磨细后通过选矿方法

分离，得到含镍62%～63%、含铜3.3%～3.6%的硫化镍精矿，含铜69%～71%、含镍3.4%～3.7%的硫化铜精矿和含镍60%、含铜17%左右的铜镍合金。硫化镍精矿与硫化铜精矿分别精炼得到最终的镍产品和铜产品，铜镍合金则返回熔炼作业，如图1-1所示。

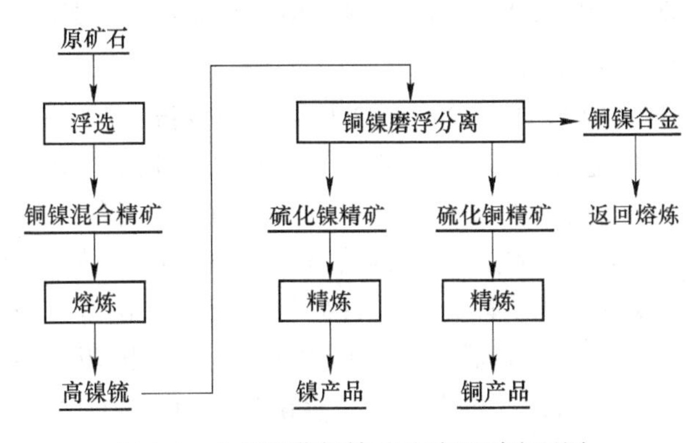

图1-1　金川硫化铜镍矿选冶原则流程图

1.1.2　国内外硫化铜镍矿选矿生产概况

1.1.2.1　我国甘肃金川硫化铜镍矿选矿厂生产概况

金川集团有限公司1965年5月第一条选矿生产线建成投产，至今已有40多年的光辉历史。年处理矿量由最初的13.8万吨到1970年的200万吨，1997年达到300万吨，2003年达到468万吨，2008年增长到800万吨。目前已具备日处理矿石31000t、年处理矿石1000万吨的生产能力和规模[6]。

现阶段选矿厂所处理的铜镍硫化矿石有龙首富矿、二矿富矿、龙首贫矿、三矿贫矿。主要工艺过程包括破碎筛分、磨矿分级、浮选、精矿脱水、尾矿处理等。主要工艺特点是：采用“阶段磨矿，阶段选别”的混合浮选流程，联合使用高效选矿药剂，在保证氧化镁合格的前提下，获得较高回收率的铜镍混合精矿。总体选别指标为：高精镍品位8.3%～11.8%；低精镍品位2.2%～5.7%；总精镍品位7.7%～8.8%；总精MgO含量小于6.8%；总精镍回收率在85%左右。目前选厂共有三个独立的选矿生产车间。

A　金川一选矿车间概况

一选矿车间为14000t/d选矿系统，该工程由中国有色工程设计研究总院设计，总投资7.0亿元。2005年10月25日破土动工，2008年4月份建成投产。碎磨采用两段一闭路破碎+大型球磨机工艺即多碎少磨流程，浮选采用两磨两选，开路粗扫选，中矿再磨再选，分段精选，强化粗、精选的工艺。主要设备采用进口高效破碎机和国产大型香蕉筛及目前国内最大的球磨机和浮选机。该系统设计原矿镍品位1.30%、铜品位0.63%，精矿镍品位9%、铜品位3.58%，精矿氧化镁含量小于6.8%；镍回收率86.5%，铜回收率71%。一选矿车间现阶段处理二矿区富矿石，药剂制度为：硫酸铵，1100g/t；六偏磷酸钠，300g/t；丁基黄药，130~250g/t；J-622，10~150g/t；硫酸铜，50~180g/t；29号剂，10~250g/t。

B 金川二选矿车间概况

二选矿车间于1964设计，1967年2月正式建成投产。二选矿车间现有两个破碎系统，碎矿老系统采用三段一闭路工艺，碎矿新系统采用二段一闭路工艺。磨浮有五个生产系统，全部采用两段磨矿两段选别工艺流程，最终得到合格的铜镍混合精矿。1号~4号系统的生产能力均为1500t/d，5号系统的生产能力为3000t/d。1号~3号系统现阶段处理龙首矿贫矿石及三矿区矿石，药剂条件为：碳酸钠，1500~2500g/t；乙基黄药，130~250g/t；丁铵黑药，0~50g/t。4号、5号系统处理二矿区富矿石，药剂条件为：硫酸铵，1100g/t；六偏磷酸钠，300g/t；丁基黄药，130~250g/t；J-622，10~150g/t；硫酸铜，50~180g/t；29号剂，10~250g/t。

C 金川三选矿车间概况

三选矿车间于2001年10月开始施工建设，2003年3月建成投产，设计生产能力6000t/d。三选矿碎矿与磨浮按单一系统设计，碎矿采用由强化预先筛分和高效破碎机构成的三段一闭路工艺流程（一段在矿山井下）。磨浮流程为阶段磨矿阶段选别的工艺流程，粗选作业采用了我国第一台大型浮选机KYF-50m^{3}浮选机。三选矿车间具有指标体系先进、工艺合理、装备水平高、控制系统先进、节能降耗等特点。三选矿车间现阶段处理二矿区富矿石，药剂制度为：碳酸钠，1500~2500g/t；丁基黄药，10~50g/t；乙基黄药，150~250g/t；丁铵黑药，10~50g/t 。

1.1.2.2 澳大利亚坎巴尔达镍矿选厂

坎巴尔达（Kambalda）镍选厂隶属于澳大利亚西部矿业公司（WMC）。坎巴尔达选厂处理的镍矿石中硫化矿物以镍黄铁矿、磁黄铁矿为主[16~17]，镍黄铁矿是镍的主要来源，脉石矿物主要包括蛇纹石、绿泥石和滑石等蚀变硅酸盐矿物。随着矿石开采的进一步深入，矿石嵌布粒度越来越细，矿石越来越难以处理。选矿厂所用的浮选药剂为：抑制剂为古尔胶，活化剂为硫酸铜，捕收剂为乙基黄原酸钠，起泡剂为三乙氧基丁烷，浮选在自然pH值中进行。选矿指标为：原矿镍品位3%，原矿MgO含量10%~14%，闪速浮选精矿品位10%，闪速浮选精矿回收率50%，闪速浮选尾矿品位（给入常规浮选作业入选品位）1.8%。总精矿镍品位12%~13%，精矿氧化镁含量低于5%，总精矿镍回收率92%。

1.1.2.3 澳大利亚芒特肯斯镍选厂

芒特肯斯（Mount Keith）镍选厂目前已形成年处理矿石1200万吨，镍金属5万吨的生产能力，是澳大利亚西部矿业公司重要的镍原料基地[18,19]。芒特肯斯矿石中主要金属硫化物为镍黄铁矿、黄铁矿和黄铜矿等，主要的脉石矿物为蛇纹石、橄榄石、滑石等。芒特肯斯镍选厂的流程设计为破碎、磨矿、脱泥、浮选、浓缩和尾矿处理。浮选药剂包括：硫酸作为粗选作业的pH调整剂，抑制剂为古尔胶，捕收剂为乙基黄原酸钠，根据矿石类型确定药剂添加比例，另加少量絮凝剂和碳酸钠[20]。选矿指标为：原矿镍品位0.57%，精矿镍品位17%～25%，精矿MgO含量7%～9%，镍回收率60%～75%。

1.1.2.4 澳大利亚雷恩斯特镍选厂

雷恩斯特（Leinster）镍选厂目前年处理矿石量为200万吨。矿石中有价金属矿物为紫硫镍铁矿、镍黄铁矿、黄铁矿和磁黄铁矿等，脉石矿物主要为透闪石、菱镁矿、白云石、绿泥石、水镁石、利蛇纹石、滑石等[21]。药剂制度为：分散剂为六偏磷酸钠，pH调整剂为纯碱，捕收剂为戊基黄原酸钾（PAX），起泡剂为Interrfoth56，降镁药剂为Calgon[22]。选矿指标为：原矿镍品位1.90%，氧化镁含量25%，闪速浮选精矿镍品位16%～21%，闪速浮选镍回收率30%～35%，总精矿品位13%～14%，镍回收率85%，精矿氧化镁含量低于4%。

1.1.2.5 加拿大克拉拉贝尔选矿厂

克拉拉贝尔（Clarabelle）是国际镍公司最大的现代化镍选矿厂。矿石中主要的硫化矿物为镍黄铁矿、黄铜矿和含镍的磁黄铁矿，占金属硫化矿物的90%，此外还含有少量的磁铁矿和黄铁矿[23]。选矿工艺采用磁选—浮选联合流程。原矿经磨矿分级，采用磁选分离出磁黄铁矿精矿，磁选尾矿经浮选得到铜镍混合精矿[24,25]。克拉拉贝尔选矿厂的处理能力已达4万吨/天，选别指标为：原矿镍品位1.4%，铜品位1.3%，浮选精矿镍品位10.6%，铜品位10.2%，镍回收率80%，铜回收率94%。

综上所述，国内外大型硫化铜镍矿床主要的金属硫化矿物为镍黄铁矿、紫硫化镍铁矿、黄铜矿、黄铁矿和磁黄铁矿，主要的脉石矿物为硅酸盐矿物，包括蛇纹石、滑石、绿泥石、闪石、橄榄石和辉石。在选矿过程中都涉及金属硫化矿物与含镁硅酸盐矿物的浮选分离，故研究硫化铜镍矿中含镁硅酸盐矿物的分散与抑制，实现硫化铜镍矿的高效浮选，对国内外铜镍资源的选矿富集和综合利用具有重要的理论与实际意义。

1.2 硫化铜镍矿选矿技术研究进展

由于硫化铜镍矿的可浮性一般较好，目前国内外主要以浮选法为主，同时辅助采用磁选、重选等选别方法来提高有用矿物的回收率或进行有用矿物与脉石的分离。由于硫化镍矿床一般为铜、镍共生矿床，所以在硫化镍矿的选矿过程中，根据现场工艺特点有时还需进行镍铜分离。硫化铜镍矿选矿工艺流程有混合浮选流程、混合浮选—铜镍分离流程、优先浮选流程和磁选—浮选联合流程等[11]。硫化铜镍矿浮选一般选择黄药为捕收剂，通常还需针对硅酸盐脉石选择合适的分散剂与抑制剂。

1.2.1 硫化铜镍矿选矿工艺研究进展

（1）阶段磨矿和阶段浮选流程。一般情况下硫化镍矿物嵌布状态多样，通常包括块状、海绵晶铁状和浸染状共存的结构，选矿可采用阶段磨矿和阶段浮选流程[26,27]。在澳大利亚温达拉选厂，矿石中矿物嵌布粒度不均，易泥化的脉石矿物含量高，选矿厂采用了两段磨矿流程。金川二矿区富矿石的浮选研究中，中南大学曾进行两磨两选中矿粗精矿再磨工艺流程的小型试验及工业试验，取得了较好的选别指标[28]。在保证浮选精矿镍品位高于8%、镍回收率高于88%的前提下，精矿中MgO含量可降到6.5%以下，满足闪速炉熔炼的基本要求。粗选得到的粗精矿实际上是各种有用硫化矿物的连生体，减轻了粗选作业因过磨而引起的蛇纹石等矿泥对浮选的影响，进而改善最终精矿质量，降低了精矿中MgO杂质含量[29]。

（2）脱泥—浮选工艺。对于矿物组成简单，矿石中含有易泥化的钙镁硅酸盐矿物，采用泥沙分选，既有利于强化粗粒硫化矿的浮选，又可降低浮选药剂的用量[30]。脱泥—浮选工艺适于矿泥多、矿泥含有用矿物品位高，而又不能分选的矿石。我国甘肃金川硫化铜镍矿在处理露天矿石时，将两段磨矿浮选后的尾矿进行脱泥，对脱泥后的底流部分进行浮选，有利于提高浮选回收率和精矿品位[31]。

（3）分速浮选工艺。分速浮选工艺是依据颗粒浮选速度差异分速浮选的工艺。由于硫化铜镍矿石中硫化矿物种类繁多、相互间紧密共生且嵌布状态复杂，在粗选中采用硫化矿物全混合浮选的流程，浮选过程中硫化物集合体、单体间及其与脉石的连生体颗粒间，必然存在矿物组成及浮选速率的差异，按浮选速率的大小差异，矿浆中的硫化矿物颗粒可分为三类[32]：第一类是17~34min以内浮出的矿物颗粒，这部分颗粒浮选速率很慢，称为慢速粒子，产品Ni品位低，含镁硅酸盐脉石大量存在；第二类是7min以前上浮的矿物颗粒，浮选速率很高，称为快速粒子，产品Ni品位较高，MgO含量较低；第三类为7~17min之间浮出的矿物颗粒，其浮选速率介于慢速粒子与快速粒子之间，称为中速粒子。为实现有用硫化矿物早收快收，尽可能减少次生含镁脉石矿泥的污染，获得含镁低的优质精矿，宜采用分速浮选工艺，即依据颗粒的浮选速度快慢分别进行浮选。在金川硫化铜镍矿二矿区贫矿的浮选开路试验中，采用 As-4 作为捕收起泡剂，As-3 作为调整剂，一段粗选精矿 Ni 回收率可达到 55.89%~60.60%，氧化镁含量降低到 4.76%。可见，分速浮选工艺是实现浮选精矿降镁的有效途径。

(4) 闪速浮选工艺。闪速浮选是一种快速回收粗粒级有用矿物的浮选技术。在磨矿过程中，球磨机溢流通过旋流器分级，沉砂进入闪速浮选机，优先浮选矿石中嵌布粒度粗、可浮性好的金属矿物，实现早收多收，闪速浮选尾矿则返回磨矿作业。闪速浮选能减少因过磨而引起的矿泥罩盖，从而可提高有用金属矿物的回收率，同时还可减轻磨矿回路的循环负荷[33]。金川硫化铜镍矿选矿厂于 1997 年进行了闪速浮选工业试验，取得了较好的浮选指标[34]，镍、铜总回收率分别比不加闪速浮选机提高 1.32% 和 0.75%。由于闪速浮选精矿粒度较粗，-0.074mm粒级含量比普通精矿低 32%左右，降低了精矿脱水成本。闪速浮选工艺的缺点是不能实现细粒金属矿物的有效浮选回收。

(5) 两产品方案。由于金川二矿区矿石中磁黄铁矿含量较大，限制了精矿中镍品位的进一步提高，并影响精矿中 MgO 含量的进一步降低。从混合精矿中分离出低镍磁黄铁矿精矿，可以获得 Ni 品位更高、MgO 含量更低的高品质铜镍混合精矿。金川进行了两产品方案工艺的试验研究[35]。结果表明，在自然 pH 条件下，采用较简单的工艺流程即可获得两个最终精矿——铜镍混合精矿和磁黄铁精矿。铜镍混合精矿中 Ni 品位可达 11%以上，MgO 含量降至 5%以下，Ni 回收率达到 80%以上；磁黄铁精矿中 Ni 品位为 1%左右，MgO 含量 11%以上，Ni 回收率为 10%左右。与一产品方案相比，铜镍混合精矿中 Ni 品位大幅提高，MgO 含量显著降低，同时总精 Ni 回收率有所提高。

(6) 酸法浮选工艺。矿浆 pH 环境是浮选过程中很重要的因素之一，不同矿浆 pH 的对比试验结果表明[36]，酸性矿浆条件下铜镍的浮选回收率最高，碱性条件下的次之，中性 pH 条件的最低[37]。酸法浮选的主要特点是：在酸性介质中，次生硫化镍矿物——紫硫镍铁矿在氧化蚀变过程中形成的表面氢氧化铁薄膜可被溶去，活化了紫硫镍铁矿的浮选；同时还可以清洗镍黄铁矿、含镍磁黄铁矿矿物表面，防止其表面氧化，进而提高其可浮性；同时酸法浮选还能强化墨铜矿的回收[38]。但是金川硫化铜镍矿属超基性岩型矿石，矿物蚀变严重，蛇纹石等硅酸盐矿物的存在使矿浆本身呈碱性，并且金川矿山采用胶结充填采矿法，使矿石中混入部分碱性较强的充填料。因此金川硫化铜镍矿进行酸法浮选的酸耗很大，而且酸性条件下对设备的腐蚀严重，尽管酸法浮选工艺的指标较好，但仍未能在生产实践中得到应用。

(7) 化学浸出工艺。浸出是选择适当的浸出剂使物料中的目的组分选择性溶解，使其进入液相中，从而达到有用组分与杂质组分（或脉石）分离的工艺过程[39]。张凤君等[40]采用三氯化铁作为浸出剂，在盐酸介质中对硫化矿中铜镍的浸出进行了研究，结果表明，铜、镍金属的浸出率较高，浸出渣中主要为硅酸盐脉石矿物。董春艳等[41]进行了某难选多金属矿石中提取钴、镍、铜和金的试验研究。常压下加入一种有机药剂对矿石进行预先处理，然后采用一种酸性新药剂进行浸出，钴、镍、铜的浸出率均达到90%以上。李滦宁等[42]在催化剂作用下对矿石进行压热氧化浸出，铜、镍的浸出率分别为98.5%和96.1%。由于化学浸出工艺生产成本较高，在工业生产中未得到大规模应用。

1.2.2 硫化铜镍矿浮选药剂研究进展

1.2.2.1 硫化铜镍矿捕收剂研究进展

硫化铜镍矿浮选一般采用黄药作为捕收剂，包括乙黄药、丁黄药和戊基黄药等。由于矿石性质的变化，入选铜镍品位越来越低，传统的捕收剂已经不能满足现场生产的需要，近几年在广大科研工作者的努力下研制出一批新型捕收剂，对硫化铜镍矿的浮选具有良好的捕收性能。

J-622是西北矿冶研究院在长期选矿实践中研制出的镍矿捕收剂，主要包括硫氮腈酯类、离子型捕收剂、醇类、胺类化合物起泡剂、烃类表面活性剂等高效成分[11]，药剂本身具有一定的起泡性。采用J-622处理金川选矿厂二矿区富矿时，在原矿和精矿镍品位相当情况下，与单独使用丁黄药相比，镍回收率能提高1.02%，铜回收率提高0.41%。

PN405是株洲选矿药剂厂研制开发的一种高效硫化矿捕收剂[43]，一般配合Y89系列黄药组合使用。在金川二矿区富矿石浮选工业试验中采用PN405作为捕收剂[44]，结果表明，在原矿镍品位1.37%，铜品位0.81%，MgO含量25.53%的条件下，以“PN405 +Y89-2”捕收剂代替现场用“丁黄药+J-622”药剂，在获得精矿铜镍品位相当的条件下，铜、镍浮选回收率分别提高0.97%和0.64%，精矿MgO含量降低0.22%。

Bs-4是中南大学研制的一种新型镍矿捕收剂[45]，通过与矿物表面的金属离子生成螯合物的方式吸附在镍黄铁矿表面，对镍黄铁矿具有较强的捕收能力。试验表明，Bs-4与丁黄药混合使用时效果更佳，采用组合用药对金川二矿区富矿进行浮选研究，在原矿镍品位1.61%，铜品位0.57%，MgO含量27.43%时，可以获得镍品位6.54%，铜品位2.32%，镍回收率为91.47%，铜回收率为88.04%的混合精矿，精矿中氧化镁含量可降至5.95%。

BF系列硫化矿新型捕收剂由白银有色金属公司选矿药剂厂研制开发[46]。该捕收剂结合了药剂结构、官能团与硫化矿的作用原理，具有捕收能力强、选择性好、浮选速度快、药剂用量小等特点，同时还能降低起泡剂用量。在金川硫化铜镍矿浮选中采用 BF-4 作为捕收剂，与丁基黄药相比，在精矿品位相同时，铜、镍回收率分别提高了 0.59%和 1.80%，MgO 含量降低了 0.86%。

ZNB 系列是中南大学研发的硫化铜镍矿高效组合捕收剂[47]。在金川铜镍矿二矿区富矿浮选中采用 ZNB 系列捕收剂，在原矿 Ni 品位 1.52%，Cu 品位 0.83%，MgO 含量 27.68%的条件下，获得 Ni 品位 7.61%、Cu 品位 3.63%、MgO 含量 5.68%的优质铜镍混合精矿，Ni、Cu 回收率分别达到 85.55%和 74.03%。

1.2.2.2 硫化铜镍矿调整剂研究进展

硫化铜镍矿浮选一般采用碳酸钠、水玻璃、六偏磷酸钠和 CMC 等作为浮选调整剂，为了进一步强化浮选分离效果，近几年来科研人员研制开发了一系列新型降镁药剂，获得了良好的浮选指标。

JCD 是西北矿冶研究院研制的一种降镁新药剂[48]，由 T-1140、29 号剂和 0 号油混合组成。其中 T-1140 由多硫化物的数种无机盐组成，按药剂的协同效应原理配制而成，29 号剂是一种低分子聚合物，0 号油是一种中性油。JCD 药剂具有抑制蛇纹石等含镁脉石的作用，从而降低了精矿中 MgO 含量，同时 JCD 对镍黄铁矿和磁黄铁矿还有一定的活化作用。采用 JCD 作为金川硫化铜镍矿中含镁脉石的抑制剂[13]，在原矿 Ni 品位 1.45%、Cu 品位 0.68%的条件下，获得 Ni 品位 6.48%、Cu 品位 2.62%铜镍混合精矿，Ni、Cu 回收率分别达到 88.98%和 76.61%，精矿中 MgO 含量从原矿的 24.56%降至 6.15%。

EP 是中南大学研制的一种硫化铜镍矿降镁的组合抑制剂[49]，含有大量的—OH 和—COOH 基团，在水中—COOH 电离为—COO^-带负电，从而吸附于荷正电的蛇纹石表面。EP 使蛇纹石表面电性从正变负，使镍黄铁矿表面的电性变得更负，从而阻止由于静电作用发生蛇纹石在镍黄铁矿表面的吸附与罩盖。在金川二矿区浮选中采用 EP 作为脉石抑制剂[50]，在原矿 Ni 品位 1.61%、Cu 品位 0.57%、MgO 含量 27.43%的情况下，所获得的铜镍混合精矿含 Ni 6.54%、Cu 2.23%、MgO 5.95%，镍、铜回收率分别为 91.47%和 88.04%。

酯化淀粉是在碱性条件下，淀粉与二硫化碳发生酯化反应而生成，其分子中含有带负电的亲水基团，可通过静电作用和氢键作用吸附在硅酸盐矿物表面而使其亲水，从而降低浮选精矿 MgO 含量。中国地质科学院矿产综合利用研究所使用酯化淀粉作为硫化铜镍矿中含镁矿物的抑制剂[51]，在原矿含 Ni 0.45%、MgO 含量 21.77%的情况下，所获得的镍精矿含 Ni 6.43%、MgO 4.36%，Ni 回收率为 64.70%。

1.2.2.3 硫化铜镍矿起泡剂研究进展

硫化铜镍矿浮选一般采用常见的2号油和甲基异丁基甲醇（MIBC）作为起泡剂。由于硫化铜镍矿硅酸盐脉石含量高，浮选过程中矿泥较多导致泡沫发黏，影响浮选分离的选择性，因此选择合适的起泡剂对硫化铜镍矿的浮选十分重要。近几年来几种新型起泡剂在硫化铜镍矿浮选中得到了较好的应用。

H407是铁岭选矿药剂厂研制的硫化矿新型起泡剂[52]，该起泡剂由硫酸和乙醇等物质合成，除具有较好的起泡性之后，对硫化矿物还有一定的选择性捕收性能。H407在金川硫化铜镍矿浮选中作为起泡剂，与现场的药剂条件相比，铜、镍的回收率分别提高0.63%和0.82%，精矿MgO含量降低0.18%。

BK206是北京矿冶研究院研制开发的一种起泡剂，由于其产品性能稳定，原料来源多样，广泛应用于硫化矿的浮选中。BK206主要成分为高级脂肪醇及醚酯类化合物，外观为浅黄及浅棕色油状透明液体，微溶于水，与醇、酮等有机溶剂互溶。该起泡剂具有起泡速度快、起泡力强的特点。周高云等[38]研究了BK206在金川硫化铜镍矿浮选中的应用，与松醇油等起泡剂相比，BK206的选矿指标最好，不仅能提高镍精矿的浮选回收率，浮选精矿中氧化镁含量还稍有下降。

1.3 硅酸盐矿物分散与抑制研究现状

1.3.1 微细硅酸盐矿物分散研究现状

1.3.1.1 微细矿物颗粒主要分散方法

矿物颗粒的分散方法主要有以下三种。

（1）机械搅拌分散。机械搅拌分散是在强剪切力作用下，使微细矿物颗粒在溶液中有效地分散[53]。该方法采用机械手段实现颗粒团聚体的解团，效果并不理想。其物理原因在于，该方法属于机械力强制性解团方法，团聚颗粒尽管在强制剪切力作用下解团，但颗粒间的吸附引力犹存，解团后又可能迅速团聚长大。

（2）超声波分散。将矿浆直接置于超声场中，控制适当的超声频率及其超声时间，可以使矿物颗粒充分分散。陈飞跃等[54,55]指出超声分散的作用机理包括两个方面的因素：一方面，超声波在微粒矿物悬浮体中以驻波的形式传播，使微粒受到周期性的拉伸和压缩；另一方面，超声波在悬浮体中可能产生“空化”作用，从而使颗粒分散。这两种作用相结合，能够破坏矿浆中的矿物聚团体，实现矿物颗粒间的良好分散。但超声波分散耗能较大，生产成本和对设备的要求较高，未能在浮选生产中得到推广。

（3）化学分散。化学分散是一种最常见、最广泛的矿浆分散方法。添加分散剂使其吸附在矿物颗粒表面，形成极性电荷，以改变颗粒表面的性质，如 Zeta 电位、润湿性等，从而改变了颗粒与水、颗粒之间的相互作用，从而实现颗粒均匀分散。化学法是应用广泛且分散效果良好的一种矿浆分散方法。化学分散的作用机理主要有以下三种：

1）增大矿物表面电位的绝对值以提高颗粒间的静电排斥作用；

2）通过高分子分散剂在颗粒表面形成的吸附层，产生并强化空间位阻效应，使颗粒产生强位阻排斥力；

3）增强颗粒表面亲水性，以强化界面水的结构化，增大水化膜的强度及厚度，提高颗粒间的水化排斥作用力。

1.3.1.2　硅酸盐矿物分散剂应用研究现状

硅酸盐矿物常用的分散剂有磷酸盐、水玻璃、碳酸钠和羧甲基纤维素等等，分散剂广泛应用于各类矿物与硅酸盐矿物的浮选分离中，取得了良好的分散效果。

A　磷酸盐类分散剂

磷酸盐类分散剂主要包括六偏磷酸钠、焦磷酸钠、磷酸三钠等，其中六偏磷酸钠的应用和研究最为广泛和深入[56]。六偏磷酸钠是一种高分子量的链状聚合磷酸盐[57]，分子式可以写为（$(NaPO_3)_n$），其分子结构由多个 PO_4 四面体通过共用氧原子形成直链结构，如图 1-2 所示。六偏磷酸钠的平均相对分子质量达到 12000~18000，链中的 PO_3 单元可达 200 个。六偏磷酸钠几乎能和所有的金属阳离子反应生成配合物[58]。一般来说，六偏磷酸钠与碱金属形成比较弱的配合体，与碱土金属形成稍能离解的配合体，对过渡金属具有很强的配合作用。

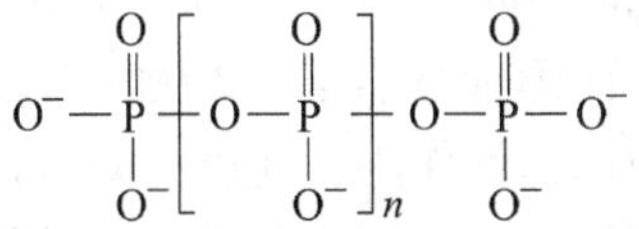

$$O^{-}-\underset{O^{-}}{\overset{O}{\overset{\|}{\underset{|}{P}}}}-\left[O-\underset{O^{-}}{\overset{O}{\overset{\|}{\underset{|}{P}}}}\right]_n-O-\underset{O^{-}}{\overset{O}{\overset{\|}{\underset{|}{P}}}}-O^{-}$$

图 1-2　六偏磷酸钠结构示意图

六偏磷酸钠是硅酸盐矿物的良好分散剂，在浮选中应用十分广泛。张国范等[59]研究了六偏磷酸钠在铝土矿浮选中的作用，认为六偏磷酸钠能分散含硅脉石矿物，提高铝土矿的浮选分离效果，在原矿铝硅比 5.85 的条件下，将精矿铝硅比从 7.51 提高到 10.37。张英等[60]在某硫化铜镍矿浮选中采用六偏磷酸钠作为调整剂，在原矿镍品位 0.16%、铜品位 0.09%的条件下，获得镍品位 4.87%、铜品位 4.31%的铜镍混合精矿，镍回收率 60.60%，铜回收率 90.38%。

关于六偏磷酸钠对硅酸盐矿物的分散作用机理，王毓华等[61]认为六偏磷酸钠通过吸附在硅酸盐矿物表面，增大矿物颗粒表面电位的绝对值，提高颗粒间静电排斥作用，同时六偏磷酸钠的长分子链能增大矿物颗粒间的空间位阻效应，使颗粒间产生强位阻排斥力，进而使铝硅酸盐矿物得到良好的分散。夏启斌等研究了六偏磷酸钠对蛇纹石的分散机理[62]，同样认为六偏磷酸钠增大颗粒间静电排斥力与位阻排斥力是其分散矿物的主要因素。罗家珂等[63]研究了六偏磷酸钠对方解石的分散作用机理，认为六偏磷酸钠能选择性地溶解方解石表面的钙离子，从而增大矿物表面的电负性，进而使方解石得到良好的分散。毛钜凡[64]研究了六偏磷酸钠对微细粒菱锰矿的分散作用，认为菱锰矿表面的金属离子 Mn^{2+} 与六偏磷酸钠作用时可以容纳六偏磷酸钠基团中氧提供的孤对电子形成稳定的亲水络合物，并通过 X 射线光电子能谱证实了六偏磷酸钠在菱锰矿表面发生化学吸附，吸附质点是矿物表面的 Mn^{2+}。六偏磷酸钠在菱锰矿表面吸附使矿物表面的电负性得到增强，从而提高矿粒在水中的分散稳定性。

B 水玻璃

水玻璃是由不同比例的碱金属氧化物与二氧化硅化合而成的一种可溶于水的硅酸盐，为青灰色或淡黄色黏稠状液体[65]。水玻璃又可分为硅酸钾（$K_2O \cdot mSiO_2$）和硅酸钠（$Na_2O \cdot mSiO_2$）。其中二氧化硅（SiO_2）与碱金属氧化物（K_2O 或 Na_2O）的物质的量比值 m，称为水玻璃的模数。当 $m \geqslant 3$ 时称为中性水玻璃，$m<3$ 时称为碱性水玻璃。选矿过程中采用的大多是硅酸钠水玻璃。

硅酸钠水玻璃通常是一种黏稠的高浓度强碱性水溶液。水玻璃中硅酸钠含量为 35%~50%，黏度 0.25~0.5Pa·s，pH 值 13~14，滴定碱度相当于 3~4mol/L 的 NaOH 溶液。水玻璃是弱酸强碱盐，在水中可发生强烈的水解反应，使水溶液呈碱性，其水解方程式如下：

$$Na_2SiO_3 + 2H_2O \xlongequal{} NaH_3SiO_4 + NaOH \tag{1-1}$$

该反应方程式中所生成的 NaH_3SiO_4，容易聚合生成 $Na_2H_4Si_2O_7$，溶液越稀，生成的二硅酸盐越多，并进而形成聚合多硅酸盐[66]。溶液中的各种硅酸盐单体和聚合物通过对矿物表面的选择性作用，能够有效分散矿物颗粒。

水玻璃作为良好的分散剂广泛应用于各类矿石的浮选，广大科研工作者对水玻璃的分散作用机理进行了较深入的研究。方启学等[67,68]采用水玻璃作为赤铁矿体系中石英与磷灰石的分散剂，认为其分散作用机理是水玻璃在矿物表面的吸附增强了颗粒间的双电层排斥作用和水化膜排斥作用。唐敏等[69]研究了水玻璃分散蛇纹石矿泥的作用机理，主要是水玻璃解离出的胶态硅胶、$HSiO_3^-$ 以及 SiO_3^{2-} 离子在矿浆表面吸附后，形成了一层强亲水性且带负电荷的“抗凝聚”覆盖物。它一方面增强了矿泥表面水化层的强度和亲水性，使相互凝聚受到空间阻碍；更重要的另一方面是，大大提高了矿泥表面负电位的绝对值，增强微细粒间同性电荷的静电排斥力，使它们难于相互接近和靠拢。周杰强[70]研究了水玻璃在胶磷矿与硅酸盐矿物浮选分离中的分散作用，认为水玻璃的分散机理主要是增强了矿泥表面水化层的强度和亲水性，使相互凝聚受到空间阻碍，并提高矿泥表面负电位的绝对值，增强微细矿粒间同性电荷的静电排斥力，进而实现胶磷矿与硅酸盐矿物的分散。罗琳等[71]研究了硅酸钠对赤铁矿中石英脉石的分散作用，认为硅酸钠能提高石英表面的亲水性，增加颗粒间亲水化排斥能，从而使赤铁矿与石英得到分散。

C 碳酸钠

碳酸钠俗名苏打、纯碱，是一种强碱弱酸盐，溶于水后发生水解反应，导致溶液显碱性并有一定的 pH 缓冲作用。碳酸钠能够软化水质，减少矿浆中的 Ca^{2+}、Mg^{2+}等难免离子。碳酸钠在选矿中被广泛用作 pH 调整剂、脉石矿泥分散剂。

碳酸钠对矿泥具有较好的分散作用，在微细胶磷矿的分散研究中[72]，与硅酸钠和氢氧化钠相比，碳酸钠在广泛的 pH 值范围内对胶磷矿的分散作用都比较强烈，能将胶磷矿的分散度从 1.5%提高到 24.1%。左倩等[73]研究了碳酸钠对微细赤铁矿的分散作用，在矿浆 pH 值为 11.38 时，分散率从 0%附近提高到 20%，极大地提高了赤铁矿的分散性。杨稳权等[74]研究了碳酸钠在胶磷矿正浮选中的作用，用水玻璃作为硅酸盐脉石的抑制剂，添加碳酸钠后，磷矿的回收率从 74.85%提高到 90.97%。王毓华等[75]研究了碳酸钠对细粒铝硅酸盐矿物的分散作用，并采用 DLVO 理论对分散作用机理进行了分析，认为 Na_2CO_3能显著降低矿物表面的 Zeta 电位，从而增大矿物颗粒之间的静电排斥作用能，进而增强铝硅酸盐矿物颗粒间的分散性。

D 羧甲基纤维素

羧甲基纤维素是一种高分子聚合物，具有较长的烃链和许多羟基、羧基基团。羧甲基纤维素简称为 CMC，它通常以钠、钾、铵盐形式存在，为白色或微黄色纤维状粉末，无臭无毒，具有吸湿性，溶于水后形成黏稠胶体，在乙醇、乙醚或氯仿中不溶。

羧甲基纤维素钠结构式如图 1-3 所示，n 是正整数，称为聚合度，羧甲基纤维素分子中每个葡萄糖单元上有三个羟基，即 C_2、C_3的仲羟基和 C_6的伯羟基，羟基中氢原子被羧甲基取代的多少称为醚化度（取代度），其中 C_6的伯羟基最为

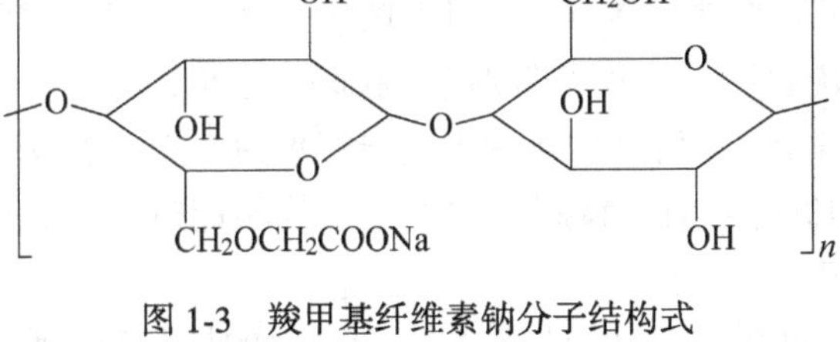

OH CH₂OH O OH O OH O CH₂OCH₂COONa OH n

图 1-3 羧甲基纤维素钠分子结构式

活泼，最容易被羧甲基取代。羧甲基纤维素游离酸强度与醋酸相近，电离常数为 5×10^{-5}，羧甲基纤维素的铝、铁、镍、铜、铅、银、汞盐不溶于水，但能够溶于氢氧化钠溶液[76,77]。

羧甲基纤维素（CMC）是一种阴离子高聚物，能通过在矿物表面吸附降低矿物的表面电位，进而对矿浆起到较强的分散作用。李冶华[78]认为，CMC 吸附于蛇纹石表面是靠静电吸附作用，CMC 的—COOH 基团在水中解离为—COO^-，从而带负电，而在 pH 为 9 左右时，蛇纹石表面带正电。由于电性作用，CMC 吸附于蛇纹石表面，吸附于蛇纹石表面的 CMC 的—OH 基团和水分子产生氢键键合而在蛇纹石表面形成水化膜，使蛇纹石矿泥被抑制。此外，CMC 可能与蛇纹石表面的金属离子发生化学作用，形成离子缔合物，从而将蛇纹石矿泥抑制。经 CMC 处理后，镍黄铁矿表面蛇纹石矿泥覆盖层减小，说明 CMC 对已吸附的蛇纹石矿泥有解吸作用。经过 CMC 处理过的蛇纹石矿泥，基本上不罩盖于镍黄铁矿表面，这说明 CMC 对矿泥具有较强的选择性抑制作用。Bacchin 等[79]认为 CMC 在滑石表面的吸附是单层吸附，分子量小的 CMC 有着较大的吸附量，因为分子量减小时 CMC 分子之间的空间阻力减小，有利于 CMC 在滑石表面的吸附；高取代度的 CMC 在滑石表面的吸附量较低，这说明静电排斥阻碍了滑石对 CMC 的吸附；吸附 CMC 后滑石表面的电负性和润湿性均增大；CMC 溶液中滑石的沉降速度变得缓慢，悬浮液变得稳定，有利于滑石的分散。Song 等[80]在石英与萤石的分散研究中发现，CMC 能改变矿物表面的表面电性，使矿物颗粒间作用力由吸引力变成排斥力，从而产生高势能屏蔽以阻止矿浆中石英和萤石颗粒的异相凝聚，进而强烈分散矿浆并改善萤石矿物的浮选。

1.3.2　硅酸盐矿物浮选抑制研究现状

1.3.2.1　无机抑制剂对硅酸盐矿物的抑制作用

A　水玻璃对硅酸盐矿物的抑制作用

水玻璃在浮选中不仅能作为分散剂，还能作为脉石矿物的抑制剂。在钛铁矿的浮选中，水玻璃可作为钛辉石等硅酸盐脉石的抑制剂。胡永平等[81]针对攀枝花铁矿细粒钛铁矿的浮选试验中，用盐化水玻璃作为钛辉石的抑制剂，通过人工混合矿浮选最终可获得含 TiO_2 48%以上的精矿，作业回收率 75.71%。对水玻璃酸化处理后，对钛辉石、斜长石等脉石的抑制性能得到强化[82]。分别以 HCl、HNO_3、H_2SO_4、H_3PO_4 4 种酸以不同配比与模数为 2.2 的水玻璃配制成酸化水玻璃，当用量达到 40mg/L 时，钛辉石的上浮率均不超过 4%，尤其用盐酸酸化水玻璃，抑制效果最好。

水玻璃常作为铁矿物与硅酸盐矿物浮选分离的抑制剂。张强等[83]在选别东鞍山难选铁矿石的研究中，对于绿泥矿型氧化矿中含绿泥石高达5%~7%的难选矿石，分别采用酸性水玻璃、盐化水玻璃和水玻璃作为脉石的抑制剂，在pH为6的弱酸性条件下用混合捕收剂浮选，获得了较好的浮选指标。乌瓦诺夫[84]在浮选分离赤铁矿与铁铝硅酸盐时，用多价可溶性盐活化的水玻璃对赤铁矿具有较强的选择性抑制作用，当矿浆pH值为5.5~6.5，脂肪酸捕收剂250g/t，水玻璃650g/t，硫酸铝150g/t，硫酸500g/t，赤铁矿与铁铝硅酸盐的可浮性差异达到最大值。刘芳等[85]研究了十二胺捕收剂体系下水玻璃对石榴子石、绿柱石、云母、长石、石英、锂辉石和角闪石等硅酸矿物的抑制作用，水玻璃对几种硅酸盐矿物均有一定的抑制作用。先添加十二胺再添加水玻璃能增强硅酸盐矿物的抑制作用。

水玻璃还能抑制金属离子活化后的石英矿物。朱友益[86]在研究石英矿物抑制的研究中发现，酸性水玻璃在水溶液中形成H_2SiO_3胶粒，能强烈抑制石英矿物，并能消除金属离子对石英的活化，因而具有酸洗去污作用；另外还具有极强的消泡作用，使泡沫层的二次富集作用增强，从而提高了浮选的选择性[87]。

B 氟硅酸钠对硅酸盐矿物的抑制作用

氟硅酸钠分子式为Na_2SiF_6，白色颗粒或结晶性粉末，无臭无味，在冷水中呈中性，在热水中分解呈酸性。氟硅酸钠在水溶液中电离和水解后，对浮选起作用的成分主要有氟化物类（SiF_6^{2-}、F^-、HF）和硅酸类（$HSiO_3^-$、H_2SiO_3）。其中SiF_6^{2-}能与硅酸盐矿物表面的金属离子活性区发生吸附，并通过硅酸胶粒增强矿物表面的亲水性，进而抑制硅酸盐矿的浮选[88]。

氟硅酸钠是硅酸盐矿物的有效抑制剂[89]，其抑制作用机理是氟硅酸根离子（SiF_6^{2-}）与矿物表面金属离子发生化学键合，阻止了捕收剂的吸附进而使其浮选得到抑制。徐玉琴等研究了金红石与一水硬铝石的浮选分离中氟硅酸钠对一水硬铝石的抑制作用。认为SiF_6^{2-}在矿物表面的吸附增大了其亲水性，阻止捕收剂苯乙烯磷酸在矿物表面吸附，同时还可选择性地解吸一水硬铝石表面已吸附的苯乙烯磷酸。张国范等[90]在钛铁矿与钛辉石浮选分离的研究中发现，氟硅酸钠能选择性地与钛辉石表面的Fe^{3+}、Mg^{2+}和Al^{3+}发生化学键合，增大钛辉石表面的亲水性使其得到抑制，实现了钛铁矿与钛辉石的浮选分离。采用氟硅酸钠作为钛辉石的抑制剂，可以从含$TiO_2$8.81%的原矿中浮选分离出TiO_2品位为21.37%的精矿，尾矿中TiO_2品位可降至2.23%，TiO_2的回收率达到73.40%。周文波等[91]研究了菱镁矿与白云石的浮选分离，采用油酸盐作为浮选捕收剂，氟硅酸钠作为脉石抑制剂，在碱性条件下能较好地实现Ca、Mg的浮选分离。邓海波等[92]研究了红柱石与石英浮选分离中抑制剂的作用效果，发现氟硅酸钠对被Fe^{3+}活化后的石英有较强的选择性抑制作用，对红柱石的浮选没有明显的抑制，故采用氟硅酸钠作为抑制剂，能实现红柱石与石英的有效分离。崔林等[93]在金红石与石榴石浮选分离的研究中认为，氟硅酸钠对石榴石的抑制机理是以 SiF_6^{2-} 为主的氟化物与捕收剂苄基胂酸竞争吸附，氟化物离子占据了矿物表面的 Fe^{2+}、Al^{3+} 质点，然后靠 F^- 通过氢键作用使矿物表面亲水，从而使其受到抑制。

1.3.2.2 有机抑制剂对硅酸盐矿物的抑制作用

A 羧甲基纤维素对硅酸盐矿物的抑制作用

羧甲基纤维素（CMC）对硅酸盐脉石矿物的抑制效果非常显著[7]。在金川低品位镍矿石的浮选中，采用乙黄药与丁铵黑药作为捕收剂，改性 CMC 作为抑制剂，在原矿品位 Ni 0.66%、Cu 0.34%、MgO 28.55% 时，获得 Ni 6.70%、Cu 3.59%、MgO 5.24%的高品质铜镍混合精矿，Ni、Cu 回收率分别为 76.42%和 77.51%。在白钨矿浮选中 CMC 也常用作脉石矿物的抑制剂，在贵州某地白钨矿的浮选实践中，选用油酸钠作为捕收剂，碳酸钠和水玻璃为分散剂，CMC 为脉石抑制剂，能从 WO_3 品位 0.253%的原矿中浮选分离出含 WO_3 48.56%的精矿，回收率达到 85.02%[94]。在某铜锌硫多金属硫化矿的浮选中，滑石等易浮脉石严重影响金属矿物的浮选回收[95]。添加 CMC 能很好地抑制硅酸盐脉石，获得精矿 Cu、Zn、S 回收率分别达到 78.46%、89.33%、80.70%。吕晋芳等[96]在云南某硫化铜镍矿的浮选研究中，使用 CMC 作为硅酸盐脉石的抑制剂，镍、铜原矿品位分别为 0.54%、0.38%，浮选精矿镍、铜的品位分别为 4.14% 、3.81%，镍、铜回收率分别为 73.9%、85.0%。

羧甲基纤维素（CMC）分子中含有大量—COOH 和—OH 亲水性基团，能选择性吸附在硅酸盐矿物表面，从而增强其表面的亲水性。李治华等[68]认为 CMC 吸附于蛇纹石表面是靠静电作用，CMC 有两个较强的极性基—OH 和—COOH，在水中—COOH 解离为—COO^-而使 CMC 带电，在 pH = 9 时蛇纹石表面带正电，因而 CMC 吸附于蛇纹石表面。Rhodes [97]和 Pugh [98]认为 CMC 通过疏水键合和氢键与滑石发生物理吸附，氢键可以在聚合物中的—OH 基团和滑石端面之间形成，疏水键合则在滑石的疏水层面和聚合物的烃基骨架之间形成。Cawood 等[99]研究了 CMC 在滑石表面的吸附，认为 CMC 在滑石上吸附强度较弱，在吸附过程中，钙离子具有重要作用，它能改变溶液中聚合物的构型，并起到连接剂作用。Morris 等[100]指出 CMC 在酸性 pH 条件下对滑石的抑制十分显著，金属阳离子能够增强 CMC 对滑石的抑制能力。Shortridge 等[101]认为 CMC 在滑石表面主要以二维平面结构形式吸附。Bakinov 等[102]和 Rath 等[103]认为 CMC 通过羧基与滑石表面的阳离子发生化学吸附。由于静电屏蔽，溶液中的金属阳离子有利于阴离子型聚合物 CMC 吸附在荷负电的矿物表面。

B 古尔胶对硅酸盐矿物的抑制作用

古尔胶（guar gum）是一种分枝多糖，由半乳甘露聚糖构成基本结构单元[104]，古尔胶分子结构如图1-4所示。半乳甘露聚糖单元是由C—1，4链连接的甘露糖构成，每个单元中第二甘露糖上有一个半乳糖通过C—1，6链相连，甘露糖与半乳糖比值约为2∶1，古尔胶甘露糖基团中C_2和C_3上的两个仲羟基位于六圆环的同侧（顺式结构），半乳糖基团中仅有部分顺式仲羟基[105]。古尔胶是一种水溶性好的天然高分子化合物，其水溶液具有很高的黏度，1%的古尔胶水溶液的黏度约为4~6Pa·s。古尔胶中含有大量羟基，其中伯羟基的反应活性最强[106]。

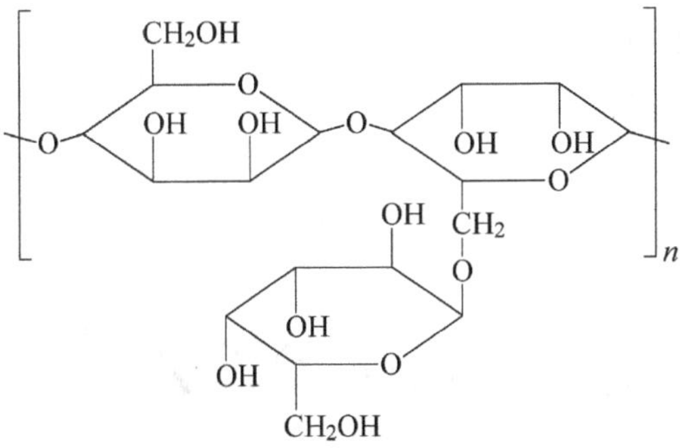

图1-4 古尔胶分子结构式

古尔胶对硅酸盐矿物具有较强的抑制能力。罗彤彤等[107]在硫化铜镍矿的浮选中，在黄药作捕收剂、六偏磷酸钠作分散剂的条件下，添加90g/t的古尔胶作脉石的抑制剂，得到Ni、Cu品位分别为10.37%和4.06%浮选精矿。加拿大卡尼奇硫化铜镍矿中含有大量的滑石矿物，对浮选影响很大。Makarinsky[108]采用古尔胶作为滑石的抑制剂，在原矿Ni、Cu品位为0.50%和0.76%的条件下，可获得含Ni 4.42%、Cu 8.50%的铜镍混合精矿，Ni、Cu金属回收率分别达到67.0%和89.3%。

古尔胶的分子中含有大量—OH基团，可通过在硅酸盐矿物表面吸附使其得到抑制。Shortridge等[101]认为古尔胶以三维结构吸附在滑石表面，带有延伸的尾和环结构，延伸的吸附层能够屏蔽滑石向气泡附着，因此古尔胶对滑石具有较强的抑制作用。Wang等[99,109]认为古尔胶主要通过氢键吸附在滑石表面。Ma等[110]研究了金属离子对古尔胶吸附的影响，认为金属离子能够破坏矿物表面的吸附水，有利于古尔胶在矿物表面发生氢键吸附。Rath等[111]研究了古尔胶在黑云母表面的吸附。在碱性溶液中，古尔胶主要和黑云母层面上的金属氢氧化合物以氢键形式作用；在酸性溶液中，古尔胶主要和黑云母端面上的金属离子以化学形式作用。

C 淀粉对硅酸盐矿物的抑制作用

淀粉是由α-D-葡萄糖联结而成的一种多糖类高分子聚合物，主要来源于植物的根、茎中，化学式可写为（$C_6H_{10}O_5$）$_n$，分子结构如图1-5所示。葡萄糖单体间以不同的方式联结，可使淀粉分子呈现出两种不同的结构[112]：当全部脱水葡萄糖单位间经α-1,4糖苷键联结时，形成直链淀粉；而当部分脱水葡萄糖单位间是通过α-1,6糖苷键相连时，则形成支链淀粉。普通的淀粉品种都是由直链和支链两种淀粉组成，如玉米、小麦、马铃薯等淀粉，其中的直链淀粉含量分别为27%、20%和17%，其余为支链淀粉。淀粉分子上含有许多活性基团[113]，如—OH、—O—等，有时根据需要会对淀粉进行改性，加入新的活性基团。这些基团能通过与矿物表面发生作用而使矿物得到抑制，一般情况下支链淀粉比直链淀粉的抑制能力更强[114]。

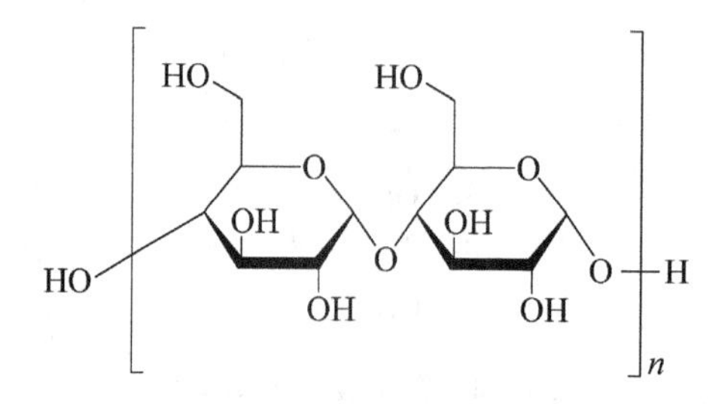

图1-5 淀粉分子结构式

淀粉对硅酸盐矿物具有较强的抑制能力。在红柱石的浮选中，以十二烷基磺酸钠作捕收剂，以淀粉作抑制剂可以实现红柱石与脉石矿物石英、黑云母的浮选分离[115]，可以获得含55.3%Al_2O_3，红柱石回收率为75.6%的红柱石精矿[116]。石英与黑云母易被矿浆中的金属离子活化，淀粉能与矿物表面发生吸附进而取代起活化作用的金属离子，从而使石英与黑云母得到抑制。李海普等[117]对淀粉进行改性，加入选择性高、抑制能力强的极性基团，并将改性淀粉用于铝土矿的浮选。结果表明改性后的淀粉对一水硬铝石的抑制能力比原淀粉强，改性淀粉主要通过氢键和静电吸附的方式作用于矿物表面，其中阴离子淀粉还可以与矿物进行化学吸附，增强抑制的选择性。

淀粉抑制剂在硫化镍矿浮选中应用也比较广泛，熊文良等[51]用改性淀粉作为含镁矿物的抑制剂，对四川某低品位硫化镍矿进行了小型试验室试验。在原矿镍品位0.45%、MgO品位21.77%的情况下，可获得镍品位6.43%的镍精矿，镍回收率64.70%，精矿中MgO含量为4.36%，实现了硫化镍矿与硅酸盐脉石的有效浮选分离。

淀粉在煤泥浮选中常用作灰分的抑制剂。涂照妹等[118]在阳泉煤泥的浮选中用淀粉作为灰分硅酸盐矿物的抑制剂，取得了较好的降灰效果。不添加抑制剂时，试验煤样的精煤产率为69.99%，灰分为10.34%；添加淀粉后精煤产率和灰分分别为64.74%和8.7%，与不添加抑制剂相比，浮选精煤灰分降低了1.64%。淀粉主要通过氢键或与矿物表面金属阳离子发生化学键合作用而吸附于矿物表面，进而抑制硅酸盐矿物并降低了精煤中的灰分含量。

淀粉在铝土矿浮选中常用作铝硅酸盐矿物的抑制剂。顾帼华等[119,120]研究了阴离子淀粉对铝硅酸盐矿物浮选的影响。当pH=6时，阴离子淀粉在高用量条件下能有效抑制伊利石和高岭石，阴离子淀粉主要通过氢键和静电力作用选择性吸附在矿物表面，阻止了捕收剂的吸附并增大了矿物表面的亲水性。

在赤铁矿的浮选中，淀粉也表现出了较好的抑制能力。Pinto等[121]研究了淀粉、直链淀粉和支链淀粉在赤铁矿浮选中的作用。试验发现，不同淀粉对石英等脉石矿物抑制能力大小顺序为：木薯淀粉（含17%直链淀粉和83%支链淀粉）>支链淀粉>直链淀粉，说明支链淀粉中混合部分直链淀粉能提高淀粉对石英的抑制能力。

1.3.2.3 抑制剂对硅酸盐矿物的作用机理

抑制剂对硅酸盐矿物浮选的抑制作用主要体现在如下两个方面：对于天然可浮性较好的矿物来说，抑制剂主要通过选择性地吸附在矿物表面，使矿物表面亲水从而使其得到抑制；对于能与有用矿物捕收剂相互作用的硅酸盐脉石矿物来说，抑制剂主要通过在矿物表面与捕收剂发生竞争吸附，使吸附于矿物表面的捕收剂解吸或防止捕收剂吸附，从而降低矿物的可浮性。

抑制剂在矿物表面的吸附作用方式主要有以下几种[122]：(1) 在矿物表面双电层中靠静电力发生吸附[123]。许多有机抑制剂是有机的酸、碱或盐类，其离子可以借静电力在矿物表面双电层中发生吸附。(2) 化学吸附和表面化学反应[124,125]。许多抑制剂均带有活性极性基团，能够在矿物表面发生化学吸附，是它们在矿物表面发生亲固作用的主要途径。(3) 通过氢键及范德华力吸附于矿物表面[126~128]。金属氧化矿，含氧酸盐类矿物及卤化物矿物等含有高电负性元素的矿物，以及在水中发生水化作用的矿物表面，都有可能与抑制剂之间形成氢键。而许多含羟基、羧基等基团的有机抑制剂常常通过氢键的方式吸附于矿物表面。

高分子有机抑制剂是最常用的硅酸盐矿物的抑制剂，它们在矿物表面的吸附作用主要是疏水作用力[129,130]和氢键[131]，对于可发生离解的大分子有机抑制剂，除以上两种作用力外，还有静电吸引力和化学作用力[132]。

1.3.3 层状镁硅酸盐矿物分散与抑制研究现状

1.3.3.1 蛇纹石分散与抑制研究现状

蛇纹石($Mg_6(Si_4O_{10})(OH)_8$)属于 TO 型层状硅酸盐矿物，理论 MgO 含量 43.0%，广泛存在于铜、镍硫化矿床中。蛇纹石主要由橄榄石($(Mg,Fe)_2SiO_4$)、辉石($(Mg,Fe)_2(Si_2O_6)$)蚀变而成，Al、Fe、Mn、Cr、Ni 等可替代晶格中的 Mg，而形成不同成分的变种。橄榄石、辉石发生蛇纹石化的化学反应式可近似地表示为[13]：

$$\underset{\text{(橄榄石)}}{3(Mg,Fe)_2SiO_4} + 4H_2O + SiO_2 + 4O_2 \longrightarrow \underset{\text{(蛇纹石)}}{Mg_6(Si_4O_{10})(OH)_8} + 2Fe_3O_4 \tag{1-2}$$

$$\underset{\text{(辉石)}}{(Mg,Fe)_2(Si_2O_6)} + 4H_2O + 4O_2 \longrightarrow \underset{\text{(蛇纹石)}}{Mg_6(Si_4O_{10})(OH)_8} + 2SiO_2 + 2Fe_3O_4 \tag{1-3}$$

由于蛇纹石硬度较低，在碎磨过程中易泥化，影响金属目的矿物的浮选。关于蛇纹石影响硫化矿物浮选的原因，主要有如下几类观点：郭昌槐等[133]认为在浮选 pH 值范围内蛇纹石表面荷正电，金属硫化矿物表面荷负电，蛇纹石矿泥易在金属硫化矿物表面发生罩盖，阻碍矿物表面吸附黄药和气泡黏着。关杰等[134]认为蛇纹石溶解出的镁离子在镍黄铁矿表面形成羟化镁膜，使其失去了对捕收剂的吸附活性，造成对镍黄铁矿浮选的抑制。贾木欣等[135]认为金川蛇纹石的表面不是纯的蛇纹石矿物相，它是蛇纹石与滑石的混合相，或是蛇纹石向滑石蚀变的过渡矿物相。蛇纹石转变为滑石，而滑石天然可浮性极佳，这就造成金川蛇纹石易浮。

邱显扬等[136]研究了几种常见抑制剂对镍黄铁矿浮选中蛇纹石的抑制机理，认为六偏磷酸钠和水玻璃主要通过生成亲水性的配合物，改变蛇纹石的表面电性而起分散和抑制作用；羧甲基纤维素主要通过氢键及与蛇纹石表面的金属离子发生化学吸附而起絮凝和抑制作用。冯其明等[137]研究了六偏磷酸钠和 CMC 对蛇纹石的抑制作用机理。认为其抑制蛇纹石的机理可能是通过氢键作用，使其吸附在蛇纹石表面将其抑制。另外，羧甲基纤维素具有两个较强的极性基（—OH 和—COOH)，在水中电离后使得羧甲基纤维素带负电而吸附于蛇纹石表面。此外，羧甲基纤维素还可能与蛇纹石表面的金属离子发生化学吸附，从而将蛇纹石抑制。六偏磷酸钠能降低镍精矿中氧化镁含量的主要原因是其与蛇纹石表面金属离子发生络合反应，改变蛇纹石表面电性，使蛇纹石从镍黄铁矿表面脱落将其分散，从而减少蛇纹石的含量，并且提高镍黄铁矿的上浮速率。

高玉德等[138]采用混合调整剂 CA2 与无机抑制剂 PN3 联合抑制金川二矿区镍矿中蛇纹石等含镁脉石矿物，在自然 pH 介质中进行浮选，获得浮选精矿含 Ni

7.38%，MgO 5.80%，Ni 回收率 88.24%的试验指标。吴熙群等[139]对冬瓜山铜矿进行了浮选研究，采用 BD1 组合抑制剂抑制蛇纹石等脉石，在原矿铜品位 1.07%时，获得含铜 20.89%的铜精矿，铜回收率达到 88.36%。

1.3.3.2 滑石分散与抑制研究现状

滑石($Mg_3(Si_4O_{10})(OH)_2$)属于 TOT 型层状硅酸盐矿物，理论 MgO 含量 31.72%，广泛存在于铜、镍、钼等有色金属的硫化矿床中。滑石是一种典型的热液蚀变矿物，它是富镁质超基性岩、白云岩、白云质灰岩经水热变质交代的产物，滑石往往是上述岩石蛇纹化之后，在晚期较酸性侵入体的热水溶液作用下形成[30,140~142]。

$$\underset{\text{(蛇纹石)}}{Mg_6(Si_4O_{10})(OH)_8} + 3CO_2 \longrightarrow \underset{\text{(滑石)}}{Mg_3(Si_4O_{10})(OH)_2} + 3MgCO_3 + 3H_2O \tag{1-4}$$

$$\underset{\text{(辉石)}}{4MgSiO_3} + 2H_2O \longrightarrow \underset{\text{(滑石)}}{Mg_3(Si_4O_{10})(OH)_2} + Mg(OH)_2 \tag{1-5}$$

$$\underset{\text{(透闪石)}}{Ca_2Mg_5(Si_4O_{11})(OH)_2} + 4CO_2 \longrightarrow \underset{\text{(滑石)}}{Mg_6(Si_4O_{10})(OH)_8} + \underset{\text{(白云石)}}{2CaMg(CO_3)_2} + 4SiO_2 \tag{1-6}$$

$$\underset{\text{(白云石)}}{3CaMg(CO_3)_2} + 4SiO_2 + H_2O \longrightarrow \underset{\text{(滑石)}}{Mg_3(Si_4O_{10})(OH)_2} + 3CaCO_3 + 3CO_2 \tag{1-7}$$

在硫化铜镍矿的浮选中，滑石脉石的天然可浮性很好，容易随浮选泡沫进入精矿，致使硫化矿浮选精矿镍品位难以提高[143,144]。滑石的天然可浮性不受硫化矿捕收剂黄药和活化剂硫酸铜的影响。硫化矿中滑石的浮选分离通常分两个阶段进行，先利用滑石的天然疏水性预先浮出部分滑石，然后再使用硫酸铜活化硫化矿，采用高分子聚合物抑制滑石进行硫化矿和滑石的浮选分离。

李全安等[145]对铜陵冬瓜山铜矿进行了浮选研究，认为硫化矿浮选前预先脱除滑石矿泥，有利于后续的铜矿浮选，可以减少微细粒对整个浮选过程的影响；铜矿浮选过程中加入 CMC 和水玻璃抑制滑石等硅酸盐矿物，可以有效提高铜精矿质量。董燧珍[146]进行了在某钼锌多金属硫化矿的浮选中，采用阶段磨矿使原矿中易碎滑石优先破碎，采用选择性较好的 FT 药剂预先选出部分可浮性极好的滑石，然后将钼粗精矿再磨后进行 8 次精选得到合格的钼精矿。蒋玉珍[147]研究了含铜多金属硫化矿中滑石的优先浮选和抑制。在自然 pH = 7.6，2 号油用量 70g/t 的条件下，可以浮出 MgO 21%、Cu 1.12%的滑石矿泥，2 号油用量增大时，滑石回收率增加，但是滑石矿泥中金属含量也增加；采用水玻璃、CMC、古尔胶、腐殖酸钠对滑石进行抑制研究，发现水玻璃与 CMC 的组合对滑石的抑制效果最好。

Beattie 等[148]研究多糖和聚丙烯酰胺对滑石抑制中发现，分子量较小的聚合物抑制剂对滑石抑制的选择性较好，但抑制作用相对较弱；反之分子量较大的聚合物的抑制效果较好，但选择性相对较差。阴宪卿等[149]对硫化铜镍混合精矿进行了浮选降镁研究，采用 X-P 和 CMC 作为混合精矿中滑石等脉石的抑制剂，能脱除含 MgO 16.53%、产率为 29.94%的矿泥，其含镍仅 0.26%，将精矿中 MgO 含量从 8.66%降低到 5.61%。张小云等[150]进行了辉钼矿与滑石的分选试验。辉钼矿与滑石都是天然可浮性较好的矿物，仅以浮选工艺难以有效分离，不能得到合格的钼精矿。辉钼矿与滑石密度差异较大，属于容易按密度分离的矿石，采用重选—浮选联合流程，通过重选可以脱除部分滑石，再用水玻璃做滑石的抑制剂，松醇油做起泡剂浮选辉钼矿，对 Mo 品位 0.93%、滑石含量 65%的原矿可以得到品位 45.22%、回收率 77.35%的钼精矿。

1.3.3.3　绿泥石分散与抑制研究现状

绿泥石($(Mg,Al)_6[(Si,Al)_4O_{10}](OH)_8$)属于 TOT-O 型层状硅酸盐矿物，广泛存在于镍矿、铜矿、磷矿和铁矿中。绿泥石的形成与低温热液作用、浅成变质作用和沉积作用有关[151]，在火成岩中，绿泥石多是辉石、角闪石、黑云母等蚀变的产物。由辉石蚀变成绿泥石的反应式可以近似表达为式（1-8）[6]。根据绿泥石的产出特征与矿物共生组合，绿泥石可分为脉填充型和交代型两种类型。

$$\underset{\text{(辉石)}}{(Mg,Fe)_2(Si_2O_6)} + SiO_2 \longrightarrow \underset{\text{(斜绿泥石)}}{(Mg,Fe)_6(Si_4O_{10})(OH)_8} + \underset{\text{(透闪石)}}{Ca_2Mg_5(Si_4O_{11})(OH)_2} \qquad (1\text{-}8)$$

由于绿泥石的硬度较低，磨矿过程中容易泥化，罩盖在目的矿物表面进而影响其浮选分离。此外，溶液中的 Cu^{2+} 和 Ni^{2+} 可以活化绿泥石等硅酸盐矿物的黄药浮选[152]。在 pH=7~10 范围内，带正电的 $Cu(OH)^+$ 和 $Ni(OH)^+$ 吸附在带负电的绿泥石矿物表面，活化绿泥石的黄药浮选，其中 Cu^{2+} 对绿泥石的活化能力比 Ni^{2+} 强得多。

叶雪均等[153]在以绿泥石为主要脉石的硫化铜镍矿浮选中，采用水玻璃和 BY-5 作为脉石抑制剂，在原矿 Cu 2.02%，Ni 0.71%，MgO 15.35%的条件下，获得含 Cu 6.80%，Ni 4.18%，MgO 5.32%的铜镍混合精矿，铜、镍的回收率分别为 42.69%和 75.72%。试验还表明 BY-5 在 Na_2CO_3 介质中抑制含镁矿物的效果比在石灰介质中好。

1.4　本书的研究目的、意义和内容

镍是一种重要的战略有色金属资源，在国民经济与工业生产中起着重要的作用。金属镍的提取大部分来源于硫化铜镍矿石，我国硫化铜镍矿资源丰富，但随着矿石开采品位逐年降低，矿石性质复杂，蚀变硅酸盐矿物含量高，浮选分离困难，采用传统的浮选分离技术，通过常规的浮选分散与抑制调控手段已不能满足

选矿工艺要求。目前研究中存在的主要问题包括：硫化铜镍矿难以高效浮选分离的内在原因不明确，颗粒间异相凝聚影响矿物浮选的内在机制不清楚，以及缺乏有效的分散调控手段，对易浮脉石矿物抑制的选择性不够。

本书在前人研究的基础上，对硫化铜镍矿浮选体系中含镁硅酸盐矿物的分散与抑制进行深入的研究，旨在研究内容和研究方法上深化和完善硫化铜镍矿强化浮选的理论体系，揭示脉石矿物分散与选择性抑制的调控机制，从而为硫化铜镍矿的高效浮选分离提供理论与技术指导。本书主要研究内容包括：

(1) 通过对硫化铜镍矿中主要含镁脉石矿物蛇纹石、滑石和绿泥石的晶体结构和表面性质的研究，为矿物浮选分离提供基础。

(2) 研究矿物颗粒间聚集与分散行为，以及异相凝聚对矿物浮选分离的影响规律，并对复杂多矿相矿物体系进行分散调控，以消除矿物间异相凝聚对浮选的影响。

(3) 研究矿物颗粒间强化分散的调控方法，揭示矿物表面电性调控的内在机制。

(4) 强化硫化铜镍矿浮选体系中含镁硅酸盐矿物抑制的选择性，实现矿物的高效浮选分离。

(5) 以理论研究为指导，对实际矿石进行浮选试验研究，获得低品位硫化铜镍矿强化浮选技术原型。

2 试样、药剂与研究方法

2.1 试验样品

2.1.1 单矿物样品

试验所需蛇纹石单矿物取自江苏东海，滑石与绿泥石取自辽宁海城，黄铁矿取自广东云浮，复合硫化矿取自甘肃金川，其中复合硫化矿由镍黄铁矿（38%）、黄铜矿（12%）和黄铁矿（50%）组成。所取样品经瓷球磨、搅拌磨、筛分后制得试验用单矿物样品。图 2-1～图 2-5 为各单矿物样品的 X 射线衍射光谱图，表 2-1 为矿物样品化学成分分析结果。表 2-2 为各矿物的粒度组成。

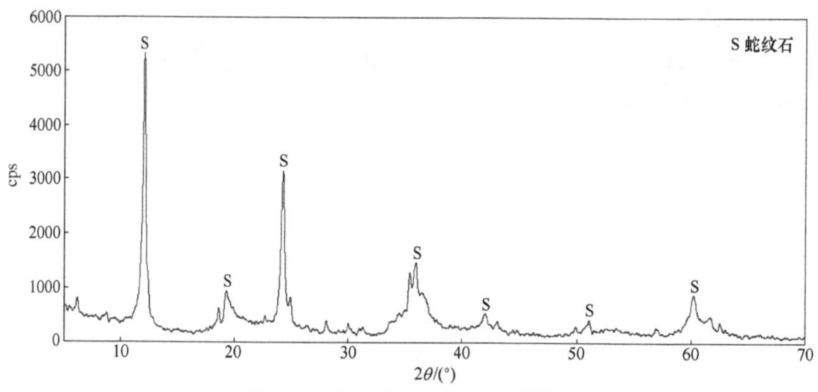

图 2-1 蛇纹石 X 射线衍射图谱

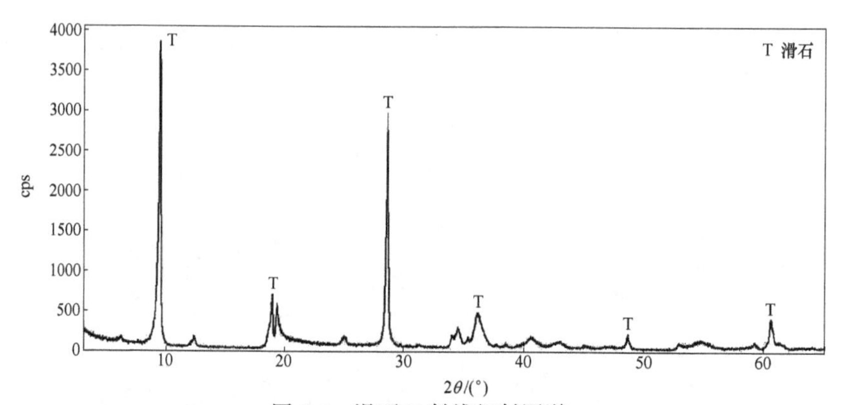

图 2-2 滑石 X 射线衍射图谱

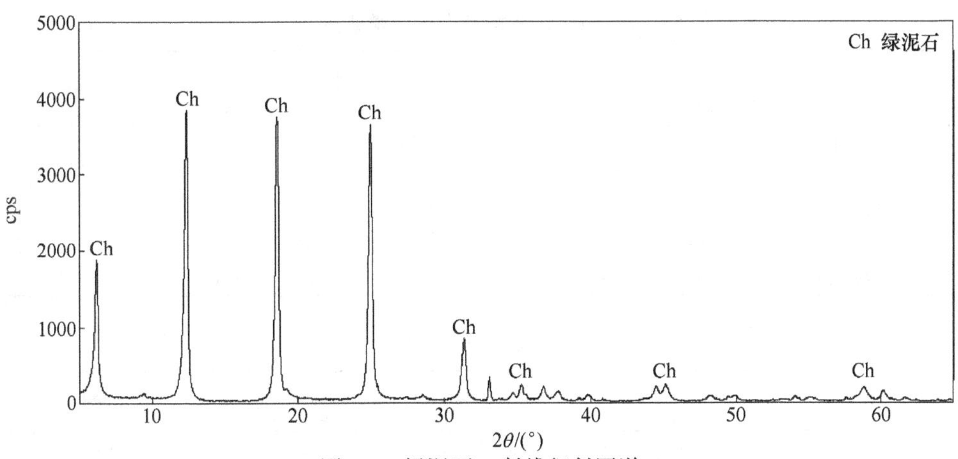

图 2-3 绿泥石 X 射线衍射图谱

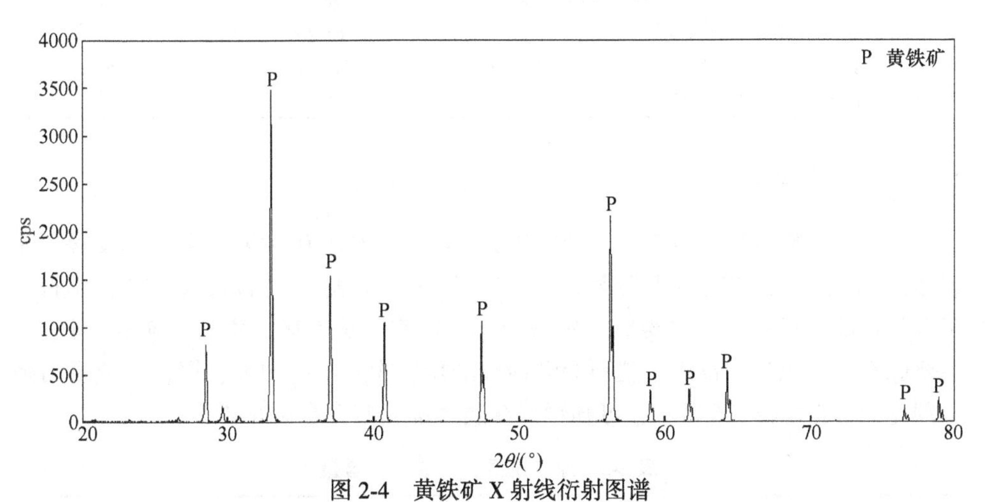

图 2-4 黄铁矿 X 射线衍射图谱

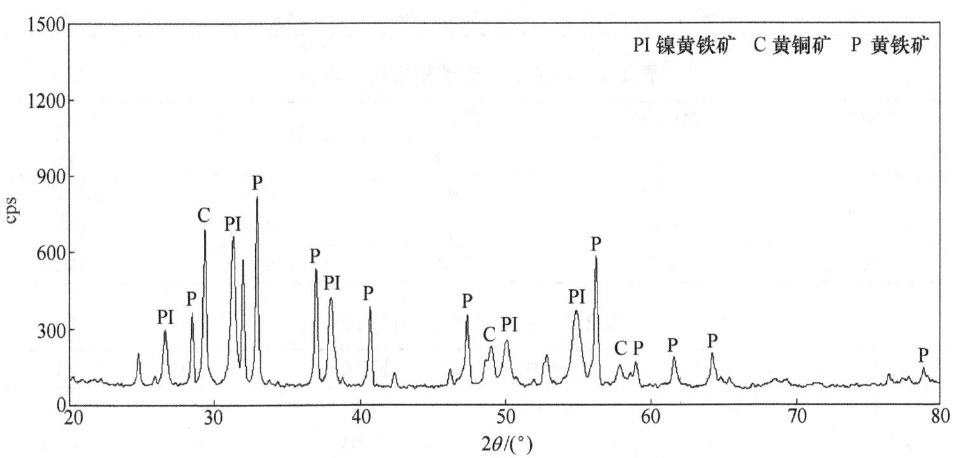

图 2-5 复合硫化矿 X 射线衍射图谱

表 2-1　矿物样品主要化学成分　(%)

样品	化学成分							
	MgO	SiO_2	Al_2O_3	CaO	TFe	Ni	Cu	S
蛇纹石	32.92	37.11	0.80	0.21	5.17	—	—	—
滑石	31.66	63.70	—	—	1.01	—	—	—
绿泥石	25.41	34.37	15.76	0.78	3.72	—	—	—
黄铁矿	—	—	—	—	43.96	—	—	49.98
复合硫化矿	—	—	—	—	29.83	13.18	4.02	31.17

表 2-2　矿物样品粒度组成　(μm)

样品	粒　度			平均粒径
	d_{10}	d_{50}	d_{90}	
蛇纹石	1.65	3.94	13.62	6.17
滑石	3.80	10.25	18.4	10.73
绿泥石	3.36	8.30	19.75	9.82
黄铁矿	4.57	37.08	115.48	53.47
复合硫化矿	4.47	38.37	119.26	55.39

2.1.2　实际矿石样品

硫化铜镍矿实际矿石来自新疆哈密天隆镍矿，矿石中主要化学成分及含量如表 2-3 所示，主要矿物组成及含量如表 2-4 所示。由表 2-3 和表 2-4 可知，矿石属于低品位硫化铜镍矿，主要硫化矿物为镍黄铁矿、黄铜矿、磁黄铁矿和黄铁矿，主要脉石矿物包括蛇纹石、滑石等含镁硅酸盐矿物。矿石中镍、铜物相分析结果分别见表 2-5 与表 2-6 所示，可知铜镍金属大部分赋存在硫化矿中。

表 2-3　原矿主要化学成分及含量　(%)

化学成分	Ni	Cu	S	TFe	MgO	SiO_2	Al_2O_3
含量	0.66	0.28	4.89	9.96	16.62	41.21	8.23

表 2-4　原矿中主要矿物组成及含量　(%)

矿物类别	镍黄铁矿	黄铜矿	(磁) 黄铁矿	磁铁矿
含量	1.55	0.80	10.60	1.60
矿物类别	蛇纹石 滑石	橄榄石 辉石	透闪石 阳起石	钛铁矿 榍石
含量	39.50	23.10	21.40	0.25

表 2-5　原矿镍物相分析结果　(%)

镍相	镍黄铁矿中镍	磁黄铁矿中镍	氧化镍	硅酸盐中镍	合计
含量	0.55	0.05	0.02	0.04	0.61
分布率	83.33	7.58	3.03	6.06	100.00

表 2-6 原矿铜物相分析结果 (%)

铜相	原生硫化铜	次生硫化铜	结合氧化铜	合计
含量	0.26	0.016	0.004	0.28
分布率	92.86	5.71	1.43	100.00

2.2 药剂、仪器和设备

试验所用主要试剂见表 2-7，主要仪器设备见表 2-8。

表 2-7 主要试剂

药剂名称	分子式	级别	生产厂家
氢氧化钠	$NaOH$	分析纯	天津化学试剂三厂
盐酸	HCl	分析纯	长沙延风化学试剂厂
氯化镁	$MgCl_2$	分析纯	天津博迪化工有限公司
丁基钠黄药	$C_4H_9OCSSNa$	工业品	株洲选矿药剂厂
戊基钾黄药	$C_5H_{11}OCSSK$	工业品	铁岭选矿药剂厂
甲基异丁基甲醇	$C_6H_{13}OH$	工业品	株洲选矿药剂厂
磷酸三钠	Na_3PO_4	分析纯	长沙分路口塑料化工厂
六偏磷酸钠	$(NaPO_3)_n$	分析纯	天津大茂化学试剂厂
三偏磷酸钠	$Na_3P_3O_9$	分析纯	上海陆忠化学试剂有限公司
三聚磷酸钠	$Na_5P_3O_{10}$	化学纯	长沙岳麓化工厂
水玻璃	$Na_2O \cdot 2.8SiO_2$	工业品	武汉诚信化工有限公司
氟硅酸盐	Na_2SiF_6	分析纯	天津永大化学试剂开发中心
羧甲基纤维素	$(C_8H_{12}O_7)_n$	分析纯	广东汕头市西陇化工厂
古尔胶	$(C_{18}H_{29}O_{15})_n$	分析纯	天津光复精细化工所

表 2-8 主要仪器与设备

设备名称	设备型号	生产厂家
X 射线衍射仪	D/max-rA	日本理学
激光粒度仪	Mastersizer 2000	Malvern /UK
X 射线荧光分析仪	Bruker AXS S4 Pioneer	德国布鲁克 AXS 有限公司
电子天平	ES-103HA	长沙湘平科技发展有限公司
挂槽式浮选机	XFG 型挂槽式浮选机（40mL）	长春探矿机械厂
单槽式浮选机	XFD 型单槽式浮选机（3L）	长春探矿机械厂

续表 2-8

设备名称	设备型号	生产厂家
pH 计	PHS-3C 型精密 pH 计	上海精密科学仪器有限公司
离心机	TDZ4	长沙平凡仪器仪表有限公司
电热真空干燥箱	DZF-6000	上海博讯实业有限公司
周期式搅拌球磨机	ZJM-20	郑州东方机器制造厂
Zeta 电位分析仪	Coulter Delsa 440SX	Backmen-Coulter /U. S. A.
红外光谱仪	740FT-IR	Nicolet /U. S. A.
润湿接触角测定仪	JJC-1	长春第五光学仪器有限公司
紫外分光光度计	TU1810	普析通用有限公司
透射光显微镜	OLYMPUS-CX31RTSF	奥林巴斯光学工业株式会社
散射光浊度仪	WGZ-3（3A）	上海昕瑞仪器仪表有限公司

2.3 研究方法

2.3.1 研究思路及方案

硫化铜镍矿矿物组成多样，赋存状态复杂，在浮选过程中涉及多矿相，多个界面间的相互作用。本书在研究思路上，采取化繁为简、从简单到复杂的思路；在研究对象上，从单矿物到复杂多矿相矿物体系，再到硫化铜镍矿实际矿石，依次递进。以含镁硅酸盐矿物的晶体化学性质为基础，通过多种试验方法和手段对硫化矿、蛇纹石和滑石等矿物在浮选中的界面行为进行研究，认识浮选体系中固液界面组分、性质和颗粒间相互作用的变化规律，在试验、分析检测的基础上，结合相关的理论分析，系统研究蛇纹石表面电性的调控机制与固液界面浮选剂分子间的组装原理，形成镁硅酸盐矿物“强化分散-同步抑制”的调控原理，开发了硫化铜镍矿强化浮选技术原型。总体研究思路及方案如图 2-6 所示。

2.3.2 试验研究方法

2.3.2.1 浮选试验

A 单矿物浮选

浮选试验采用 40mL XFG 型挂槽式浮选机。每次试验称取矿样 2g 置于浮选槽内，加入一定浓度浮选药剂并搅拌 5min，经精密 pH 计测定矿浆 pH 值后进行浮选，浮选过程采取手工刮泡，浮选时间为 5min。将所得的泡沫产品与槽内产品烘干、称量，计算产率。单矿物试验取浮选回收率等于产率；人工混合矿浮选

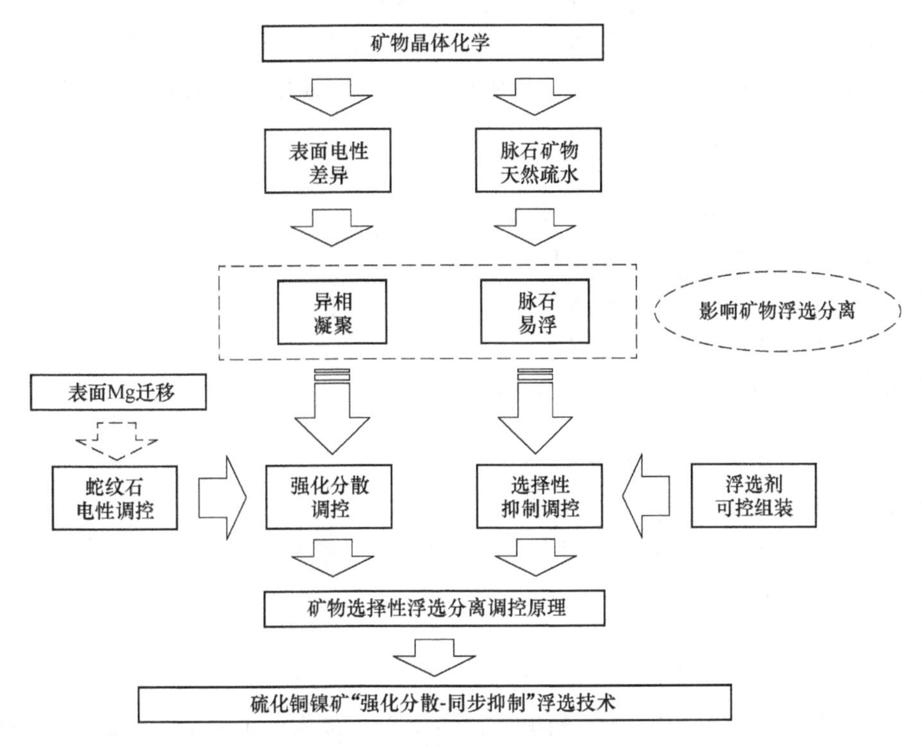

图 2-6 总体研究思路及方案

试验中，各产品经化学分析后计算浮选回收率。

B 实际矿石浮选

硫化铜镍矿实际矿石浮选采用 3L XFD 型单槽式浮选机。每次试验称取 1kg 实际矿石进行浮选，所得的精矿、中矿和尾矿产品经烘干、称量，计算产率，同时送化学分析并计算 Ni、Cu 回收率。

2.3.2.2 沉降试验

采用浊度来表征矿物颗粒间的分散与聚集状态。称取矿物样品 1g，加入一定浓度浮选药剂并搅拌 5min，再放入 100mL 沉降量筒中沉降 3min，抽取上层悬浊液 20mL，放入试样瓶中，采用 WGZ-3（3A）型散射光浊度仪测量浊度。浊度较大时，表示沉降体系上层悬浊液中矿物颗粒数量较多，矿浆处于分散状态；反之，当浊度较小时，代表上层悬浊液中矿物颗粒数量较少，矿浆处于聚集状态。

2.3.2.3 Zeta 电位测试

采用 Coulter Delsa 440SX Zeta 电位分析仪进行 Zeta 电位测试。将单矿物样品细磨至粒径小于 2μm 后，用高精度天平称取 30mg 样品，放入烧杯中并加入 50mL 水，添加相关浮选药剂并搅拌 5min，然后放入样品池中进行 Zeta 电位测定，每个试验条件测量 3 次后取平均值。试验所用电解质为 0.001mol/L 的 KNO_3溶液。

2.3.2.4 润湿接触角测定

使用切割机将单矿物块矿切割成 $1×2×1cm^3$大小方块，先用铸铁打磨，再用 Al_2O_3 磨料粗磨，Cr_2O_5 磨料细磨。测试前先用金相砂纸精磨表面，再用超声波清洗 5min，按照与浮选试验相同的调浆条件添加药剂，把矿样放入药剂溶液中浸泡，并搅拌与浮选相应的时间。采用气泡法测量接触角 θ，如图 2-7 所示。采用的测量仪器为 JJC-1 型润湿接触角测定仪。

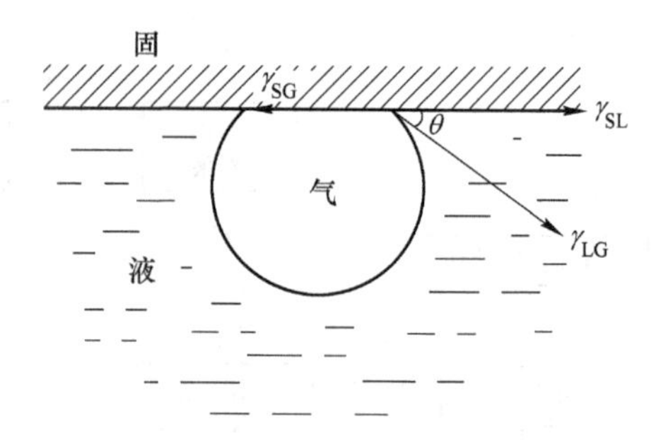

图 2-7 矿物表面润湿接触角测定示意图

2.3.2.5 红外光谱测试

称取细磨至粒径小于 2μm 的单矿物样品 2g，加入一定浓度的浮选药剂并充分搅拌，静置一段时间，待矿物完全沉降后用吸管吸出上层清液。用蒸馏水充分洗涤矿物，固液分离后自然晾干，采用 Nicolet FTIR-740 型傅里叶变换红外光谱仪进行红外光谱检测。

2.3.2.6 浮选剂吸附量的测定

根据矿物吸附前后浮选剂在溶液中的浓度差异，采用残余浓度法分别测定戊基钾黄药与古尔胶在矿物表面的吸附量。

使用 TU1810 紫外可见光分光光度计测量浮选剂作用前后溶液的吸光度，戊基钾黄药的特征吸收峰在波长为 301nm 处，采用苯酚-硫酸法[154]对古尔胶溶液进行显色处理，古尔胶的特征吸收峰在波长为 487.5nm 处。首先测量不同药剂浓度下溶液的吸光度，绘制药剂浓度与吸光度的工作曲线。然后测量浮选剂在矿物表面吸附前后溶液中的吸光度，并通过工作曲线将吸光度转化为待测溶液中药剂的残余浓度，计算在戊基钾黄药与古尔胶在矿物表面的吸附量。表 2-9 所示为各矿物样品的比表面积。

表 2-9 各矿物样品的比表面积

矿物样品	蛇纹石	滑石	黄铁矿
比表面积/$m^2 \cdot g^{-1}$	39.07	7.88	0.027

2.3.2.7 显微镜观测

称取2g人工混合矿样品（蛇纹石：黄铁矿=1：9），加入一定浓度的浮选药剂并搅拌5min，在搅拌状态下用针管移取少量矿浆滴在载玻片上，将载玻片置于奥林巴斯CX31型透射光显微镜下观察矿物的分散状态，并通过与显微镜相连的摄像头获取观测到的电子图像。采用Image-Pro Plus图形软件对获取的显微照片进行分析处理，得到显微照片的背景率和蛇纹石的颗粒数。背景率表示图像中没有颗粒的背景面积百分比，背景率越大表明矿物颗粒所占的面积比例越小，分散性越差；反之说明混合矿的分散性越好。颗粒数表示图像中有明显边界的矿物颗粒数量，颗粒数越少说明混合矿的分散性越差，颗粒数越多表示混合矿的分散性越好。

2.3.2.8 X射线衍射分析

X射线衍射（XRD）分析采用日本RIGAKU公司的D/max2550VB+型X射线衍射仪，测试条件为：Cu靶Kα，管电压为40kV，管电流为300mA，衍射速度为1°/min，扫描范围（2θ）为5°~80°。

3 层状镁硅酸盐矿物的晶体结构、表面性质与可浮性

我国硫化铜镍矿中含有大量硅酸盐脉石矿物，其中滑石、绿泥石和蛇纹石等含镁硅酸盐矿物对硫化铜镍矿浮选影响很大。研究这几种矿物的晶体结构、表面性质与浮选行为三者之间的关系，有助于更深入地了解矿物的浮选规律，为硫化铜镍矿浮选提供理论基础。

本章针对滑石、绿泥石和蛇纹石这三种层状镁硅酸盐矿物，通过研究矿物晶体结构、表面性质及可浮性的关系，找到抑制这三种层状镁硅酸盐矿物浮选的方法，从而指导硫化铜镍矿的浮选分离研究。

3.1 层状镁硅酸盐矿物的晶体结构和物理性质

滑石、绿泥石和蛇纹石广泛存在于硫化铜镍矿中，这三种含镁矿物均属三八面体型层状硅酸盐矿物。在层状镁硅酸盐矿物晶体结构中，硅氧四面体层（T）与镁氧八面体层（O）连接组成结构单元层。以下分别是这三种镁硅酸盐矿物的化学组成、晶体结构与物理性质。

3.1.1 蛇纹石的晶体结构和物理性质

（1）化学组成。蛇纹石（serpentine）的化学式为 $Mg_6[Si_4O_{10}](OH)_8$，理论含量 MgO 43.0%，SiO_2 44.1%，H_2O 12.9%。其中 Mg 易被 Fe、Mn、Ni、Al 取代。

（2）晶体结构。蛇纹石的晶体结构如图 3-1 所示，为 TO 型层状硅酸盐矿物，由一层镁氧八面体层与一层硅氧四面体层结合为构造单元层结构，层与层之间依靠氢键连接[132]。蛇纹石按结构可分为三个矿物种，即具有平整结构的利蛇纹石、卷曲管状结构的纤蛇纹石和具有波状褶皱结构的叶蛇纹石。常见的利蛇纹石属单斜晶系[155]，*Cm* 空间群；$a_0=0.531$nm，$b_0=0.920$nm，$c_0=0.731$nm，$\beta\approx 90°$，$\alpha=\gamma=90°$；$Z=2$。

（3）物理性质。蛇纹石为叶片状、鳞片状，通常呈致密块状。颜色为深绿、黑绿、黄绿等各种色调的绿色，并常青、绿斑驳如蛇皮。条痕，油脂或蜡状光泽，纤维状者呈丝绢光泽。除纤维状者外，{001} 解理完全。莫氏硬度 2.5~3.5，相对密度 2.2~3.6。

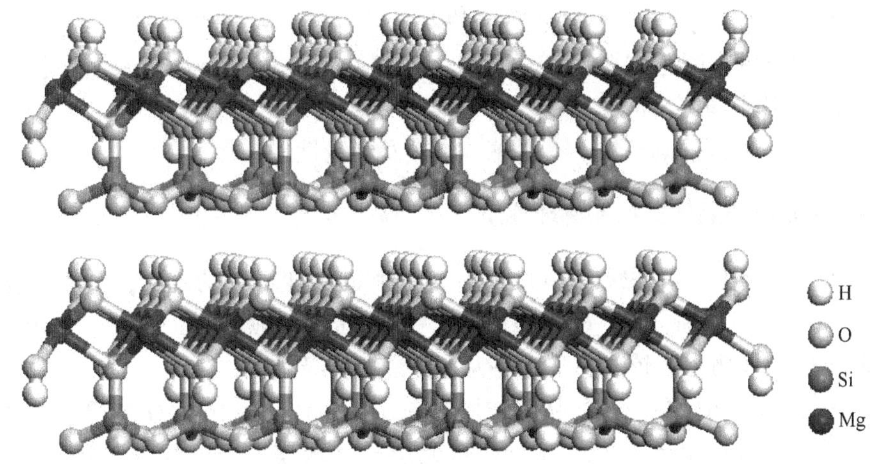

图 3-1 蛇纹石晶体结构示意图

3.1.2 滑石的晶体结构和物理性质

（1）化学组成。滑石（talc）的化学式为 $Mg_3[Si_4O_{10}](OH)_2$，理论含量 MgO 31.72%，SiO_2 63.52%，H_2O 4.76%。化学成分较稳定，Si 有时被 Al 取代，Mg 可被 Fe、Mn、Ni、Al 取代。

（2）晶体结构。滑石的晶体结构如图 3-2 所示，为 TOT 型层状硅酸盐矿物，由两层硅氧四面体层与一层镁氧八面体层组成夹心结构，结构单元层内电荷是平衡的，层间无离子充填，结构单元层间为微弱的分子键。滑石属单斜晶系[155]，$C2/c$ 空间群；$a_0=0.527$nm，$b_0=0.912$nm，$c_0=0.1885$nm，$\beta=100.15°$，$\alpha=\gamma=90°$；$Z=4$。

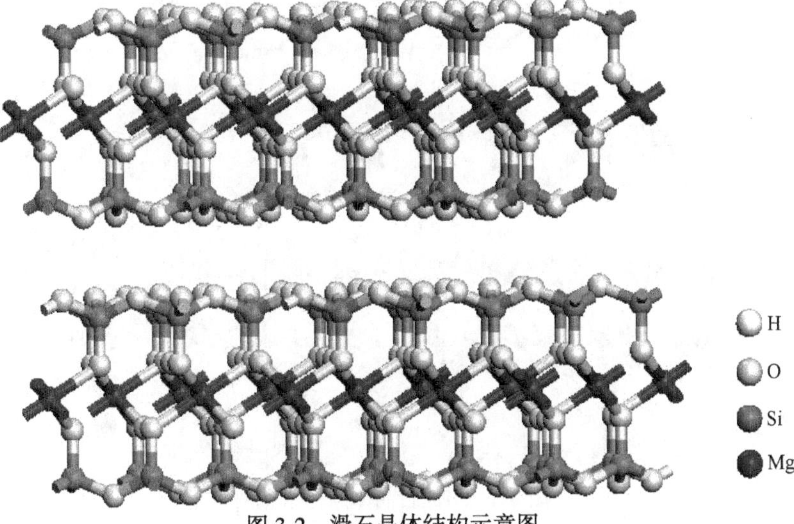

图 3-2 滑石晶体结构示意图

（3）物理性质。滑石通常呈致密块状、叶片状、纤维状或放射状集合体，白色或各种浅色，颜色主要由杂质形成；条痕常为白色，脂肪光泽（块状）或珍珠光泽（片状集合体），半透明。摩氏硬度 1。相对密度 2.5～2.8。解理{001}极完全，薄片具挠性。有滑感，绝热及绝缘性强。

3.1.3 绿泥石的晶体结构和物理性质

（1）化学组成。绿泥石（chlorite）是一族硅酸盐矿物的统称，其理想化学式为 $(Mg, Al)_6[(Si, Al)_4O_{10}](OH)_8$，Mg、Al 等易被其他金属离子取代，成分比较复杂，矿物种属较多，常见的为富含镁的斜绿泥石。

（2）晶体结构。绿泥石的晶体结构如图 3-3 所示，为 TOT-O 型层状硅酸盐矿物，其晶体结构相当于 TOT 型结构单元层与“水镁石型”层交替排列而成。由于 TOT 型结构单元层中 Mg 与 Si 被 Al 大量取代，使其离子电荷充足，金属离子更适于在层间以键合配位形式存在，通过“水镁石型”层来达到键合目的，在“水镁石型”层中有三分之一的 Mg 已被 Al 所取代，而产生一个带正电的 $[Mg_2Al(OH)_2]^+$ 层。常见的斜绿泥石属单斜晶系[155]，*C2/m* 空间群；a_0 = 0.532nm，b_0 = 0.921nm，c_0 = 1.429nm，β = 97.13°，$\alpha = \gamma$ = 90°；Z = 2。晶胞参数的变化与四面体中 Si 被 Al 取代的数量有关，也与八面体中 Mg、Fe、Al 的含量变化有关。

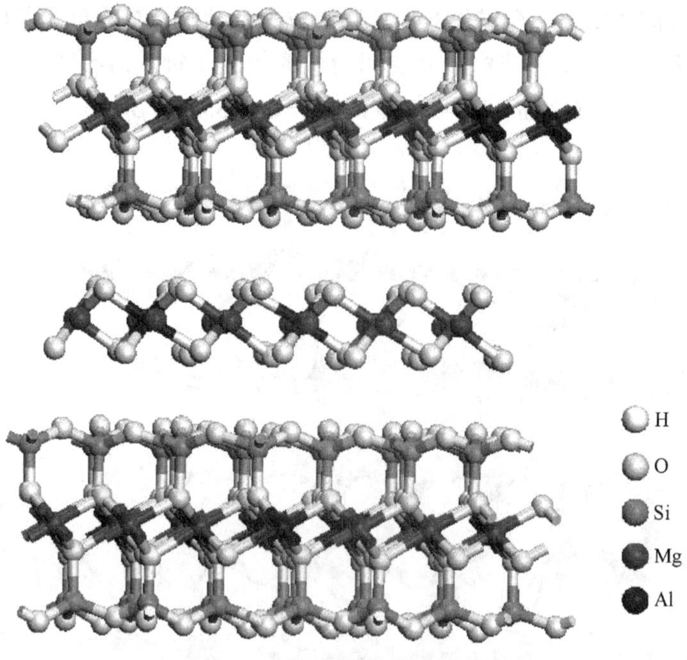

图 3-3 绿泥石晶体结构示意图

(3) 物理性质。绿泥石通常呈鳞片状集合体。颜色随成分而变化，富含镁时为浅蓝绿色，含锰的绿泥石呈橘红色到浅褐色，含铬呈浅紫到玫瑰色。条痕无色、透明，呈玻璃光泽，解理面呈珍珠光泽。解理 {001} 完全。莫氏硬度 2~2.5，相对密度 2.7~3.4。解理片具有挠性。

3.2 层状镁硅酸盐矿物的表面性质及荷电机理

3.2.1 层状镁硅酸盐矿物断裂面性质及润湿性

矿物表面物理化学性质的差异决定了不同矿物间可浮性的差异，其中破碎磨矿过程中矿物断裂面的性质决定了其可浮性的好坏。矿物解离后暴露的表面与矿物内部的主要区别是，矿物内部的键能是平衡的，而矿物表面却存在有大量的不饱和键。矿物断裂面上的这种不饱和键的性质，决定了矿物的可浮性。

矿物可浮性的好坏可由矿物表面的润湿性来表达，图 3-4 所示是自然条件下三种层状镁硅酸盐矿物润湿接触角的大小。滑石是 TOT 型层状硅酸盐矿物，层间为较弱的分子键，滑石解离时层间断裂，表面残余键为分子键，水化作用弱，疏水性好。由图 3-4 可知，滑石的润湿接触角可达 70°左右，矿物表面表现出较强的疏水性。

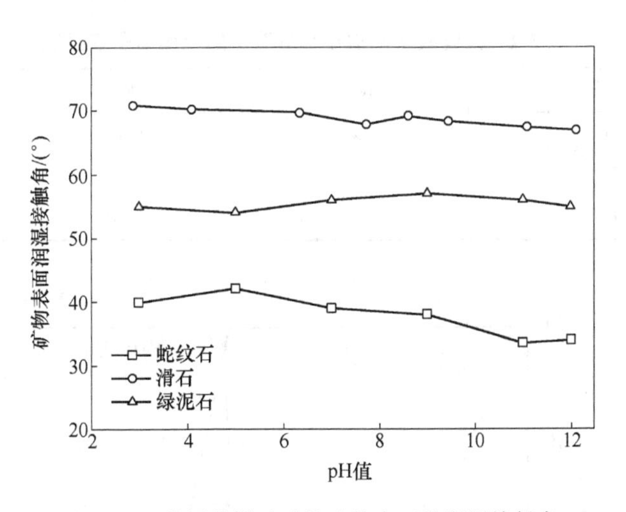

图 3-4 三种层状镁硅酸盐矿物表面的润湿接触角

蛇纹石是 TO 型层状硅酸盐矿物，层间依靠较弱的范德华力连接，矿物解离时镁氧八面体层发生断裂，表面暴露的 Mg—O 键离子性强，水化作用强，亲水性好。由图 3-4 可知，蛇纹石在 pH = 9 时接触角大小为 38°，远远小于滑石和绿泥石的接触角，在三种矿物中疏水性最差。

绿泥石也为 TOT 型三层结构，但与滑石相比，绿泥石层间还包含有一层

“水镁石型” 层。矿物解离时表面不饱和键以分子键为主，同时也暴露出一些 Mg—O 键，疏水性介于滑石与蛇纹石之间。由图 3-4 可知，绿泥石的接触角为 55°左右，疏水性介于滑石与蛇纹石之间。

3.2.2 层状镁硅酸矿物的表面溶解

矿物在水溶液中都会发生一定程度的溶解，溶解度的大小与矿物的晶体结构有关。以离子键为主的矿物溶解度较大，以共价键为主的矿物溶解度较小。在滑石、绿泥石和蛇纹石这三种含镁硅酸盐矿物中，蛇纹石解离面暴露出较多的 Mg—O 键，离子性强，溶解度较大；滑石解离面主要为分子键，共价性强，溶解度较小；绿泥石的溶解度介于蛇纹石与滑石之间。三种层状镁硅酸盐矿物在水溶液中的金属离子溶出量如表 3-1 所示，溶解度最大的矿物是蛇纹石，主要溶出的离子是 Mg^{2+}。因此在含有这三种硅酸盐矿物的水溶液中，溶解出的金属离子主要为 Mg^{2+}。当溶液中 Mg^{2+}初始浓度为 1×10^{-3} mol · L^{-1}时，Mg^{2+}水解组分的浓度对数图如图 3-5 所示。由图可知，在酸性条件下，溶液中主要以 Mg^{2+}离子形式存在，碱性条件下，镁主要以 $Mg(OH)^+$和 $Mg(OH)_2$形式存在。在碱性条件下生成的镁羟基化合物容易吸附在硫化铜镍矿物表面，降低硫化矿的疏水性，并减弱硫化矿与硅酸盐脉石的表面性质差异，影响硫化铜镍矿的浮选。

表 3-1 镁硅酸盐矿物在水溶液中的金属离子溶出量 (mg/g)

矿物样品	Mg^{2+}	Fe^{3+}	Ca^{2+}
蛇纹石	0. 240	0. 031	0. 072
滑石	0. 011	—	0. 021
绿泥石	0. 061	0. 038	0. 049

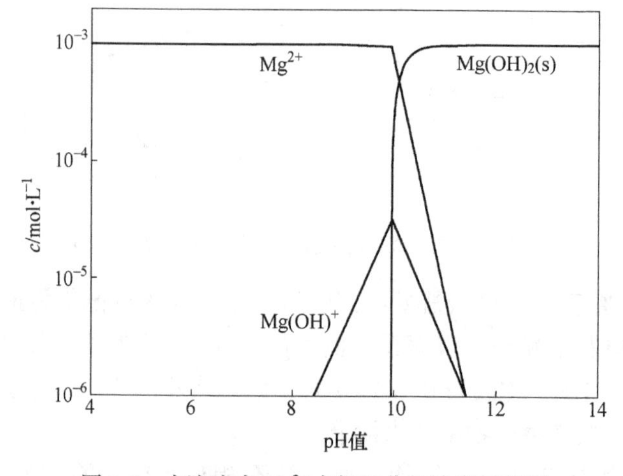

图 3-5 水溶液中 Mg^{2+}水解组分的浓度对数图

矿物的溶解还会影响溶液的 pH 值，使其具有一定的 pH 缓冲能力。图 3-6 为蛇纹石用量与矿浆 pH 值的关系。由图可知，随着蛇纹石用量的增加，蛇纹石表面溶出的 OH^- 逐渐增多，矿浆的 pH 逐渐上升。图 3-7 为蛇纹石用量为 10g/L 时，搅拌时间与矿浆 pH 值的关系。由图可知，蛇纹石的溶解是缓慢进行的，经过 5min 之后溶液的 pH 值才达到平衡。

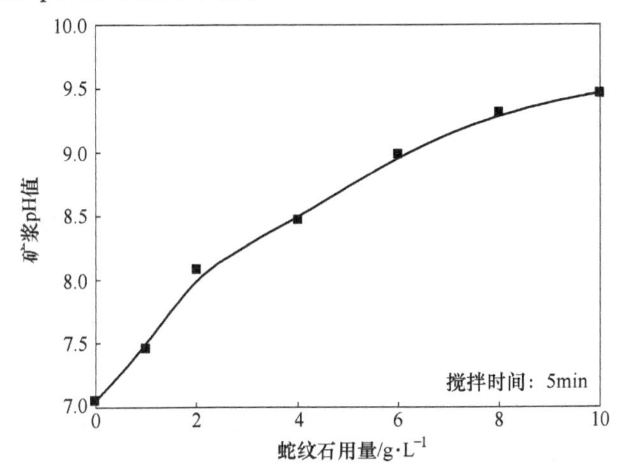

图 3-6　蛇纹石用量与矿浆 pH 值的关系

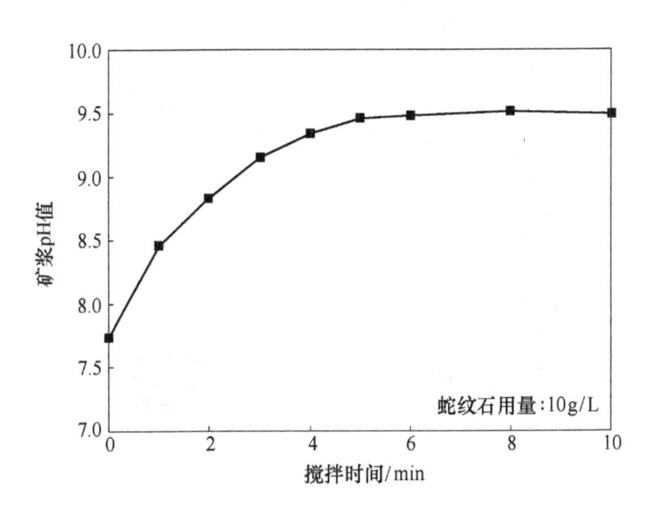

图 3-7　搅拌时间与矿浆 pH 值的关系

3.2.3　层状镁硅酸盐矿物表面荷电机理

蛇纹石解离时表面的 Mg—OH 键断裂，其中 Mg—O 键优先于 O—H 键断裂，OH^- 相对较多地溶解出来，使表面残留大量的镁，因此导致矿物表面带较高正电荷，零电点高。图 3-8 为不同 pH 值条件下蛇纹石表面的 Zeta 电位，由图可知蛇

纹石的 $pH_{IEP}=10.0$。在 pH<10.0 的广泛 pH 范围内，蛇纹石表面均荷正电。当 pH<10.0 时蛇纹石表面 Stern 双电层结构如图 3-9 所示，此时蛇纹石表面的定位离子是 H^+ 和 Mg^{2+}，而 OH^- 等阴离子作为配衡离子存在于双电层中。

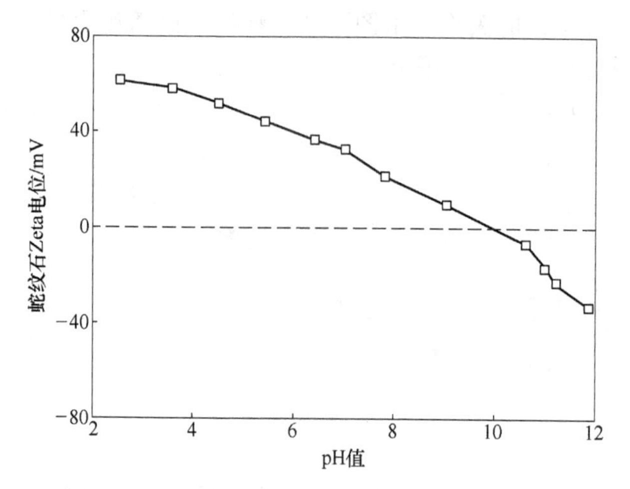

图 3-8　不同 pH 值条件下蛇纹石表面的 Zeta 电位

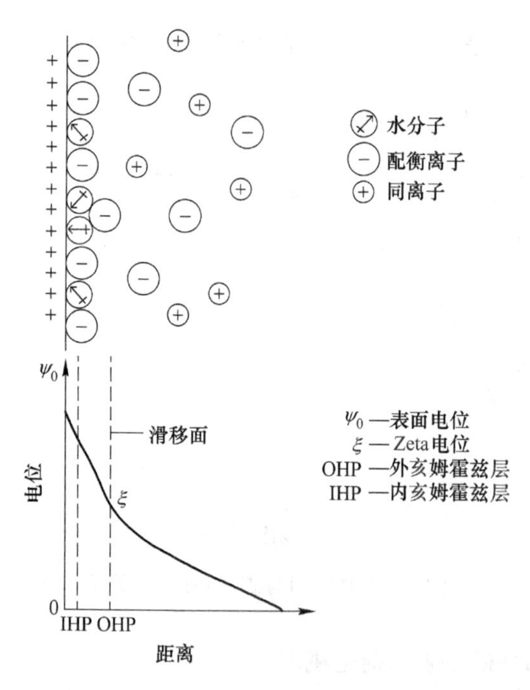

图 3-9　pH<10.0 时蛇纹石表面 Stern 双电层结构

滑石为三层夹心结构，层间无离子填充，结构单元层间为较弱的分子键，解离时表面暴露出 Si^{4+} 及 O^{2-}，具有较强的键合羟基的能力，导致滑石表面带上较强的负电荷，其零电点较低。图 3-10 为不同 pH 值条件下滑石表面的 Zeta 电位，由图可知滑石的 $pH_{IEP}=3.0$。在 pH>3.0 的广泛 pH 范围内，滑石表面均荷负电。当 pH<3.0 时滑石表面 Stern 双电层结构如图 3-11 所示，OH^- 作为定位离子存在于滑石的双电层中。

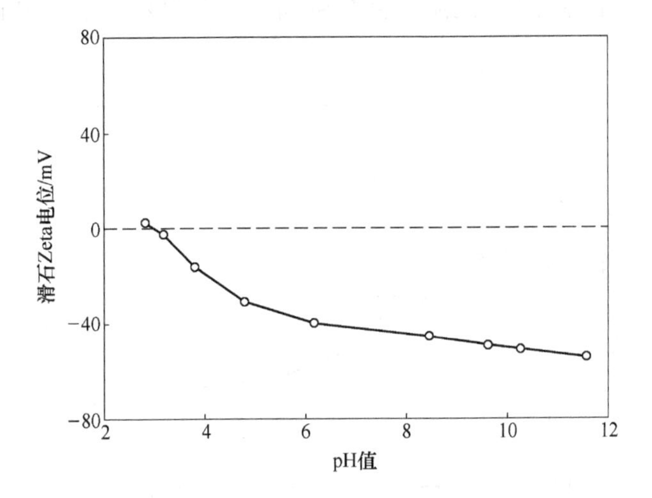

图 3-10 不同 pH 值条件下滑石表面的 Zeta 电位

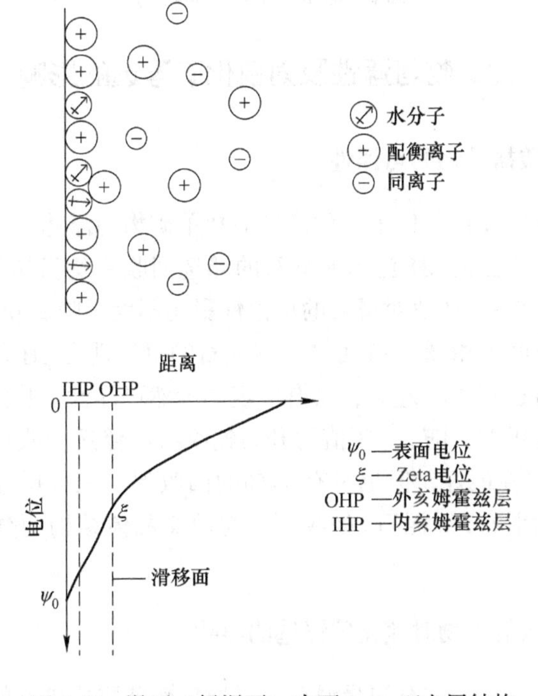

图 3-11 滑石（绿泥石）表面 Stern 双电层结构

绿泥石也为三层夹心结构，表面荷电情况与滑石相似，但绿泥石层间包含“水镁石型”层，解离面还有部分断裂的 Mg—O 键，表面定位离子的负电荷密度较滑石小，零电点比滑石的略高。图 3-12 为不同 pH 值条件下绿泥石表面的 Zeta 电位，由图可知绿泥石的 $pH_{IEP}=4.4$。在 pH>4.4 的广泛 pH 范围内，绿泥石表面均荷负电。当 pH>4.4 时绿泥石表面 Stern 双电层结构与滑石相似，如图 3-11 所示。

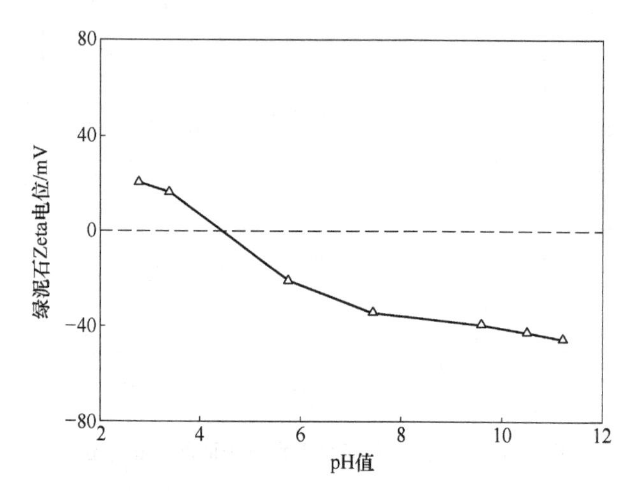

图 3-12 不同 pH 值条件下绿泥石表面的 Zeta 电位

3.3 层状镁硅酸盐矿物可浮性及对硫化矿浮选的影响

3.3.1 层状镁硅酸盐矿物的可浮性

图 3-13 为不同 pH 值条件下三种镁硅酸盐单矿物的浮选回收率。在只添加起泡剂的条件下，在广泛的 pH 范围内滑石的浮选回收率均可达到 80%～90%，具有很好的天然可浮性；pH 值对滑石的可浮性影响不大，随着 pH 值上升，滑石的浮选回收率略有下降。由图 3-13 可知，绿泥石的可浮性受 pH 值影响不大，绿泥石的浮选回收率可达到 40%左右，具有一定的天然可浮性。从图中还可以得知蛇纹石的天然可浮性很差，随着 pH 值的升高蛇纹石的浮选回收率略有升高，pH＝11 时蛇纹石的可浮性最好，但也只有 14%的回收率。三种镁硅酸盐矿物的天然可浮性从高到低为滑石>绿泥石>蛇纹石，与前文晶体结构的分析和润湿接触角试验结果一致。

3.3.2 层状镁硅酸盐矿物对硫化矿浮选的影响

前文讨论了滑石、蛇纹石和绿泥石这三种含镁硅酸盐矿物的晶体结构、表面

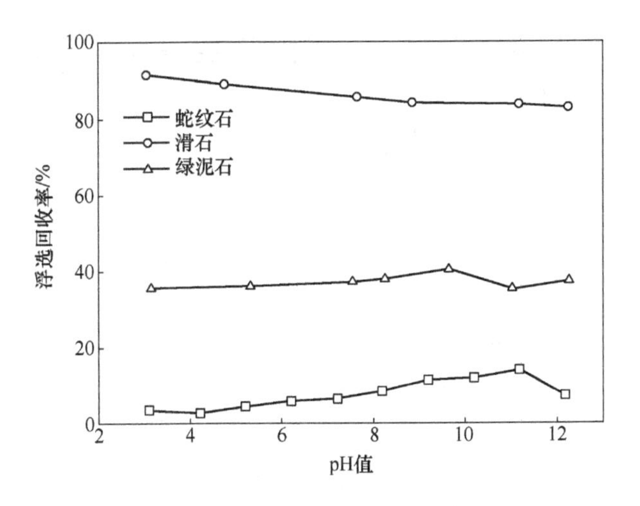

图 3-13 三种镁硅酸盐矿物的浮选回收率

性质与可浮性，本节进一步研究镁硅酸盐脉石矿物对硫化铜镍矿浮选的影响，从而找到合适的浮选分离方案。由于难以获得合格的镍黄铁矿单矿物样品，而硫化铜镍矿中常见的另一种硫化矿物——黄铁矿则容易获得较纯的单矿物样品，同时对于硅酸盐矿物而言，镍黄铁矿与黄铁矿的表面性质和可浮性相近。故本文选择黄铁矿作为硫化矿的代表，通过研究黄铁矿分别与三种镁硅酸盐单矿物的浮选分离来寻找硫化矿与镁硅酸盐矿物浮选分离的方法。

图 3-14 所示为人工混合矿浮选试验结果。人工混合矿由黄铁矿单矿物分别与三种硅酸盐单矿物以一定比例配合而成。图 3-14 为不同硅酸盐矿物含量时黄铁矿的浮选回收率曲线。由图可知，黄铁矿单矿物的可浮性很好，浮选回收率可达到 96%；滑石和绿泥石不影响黄铁矿的浮选回收率，随着人工混合矿中滑石与绿泥石比例的升高，黄铁矿的浮选回收率没有明显降低；而随着人工混合矿中蛇纹石比例的升高，黄铁矿的浮选回收率迅速下降，当蛇纹石含量达到 10%时，黄铁矿的浮选回收率降低到 33%。

为了研究三种层状镁硅酸盐矿物影响黄铁矿可浮性的差异，进行了矿物 Zeta 电位测试和沉降试验。图 3-15 为不同 pH 值条件下几种矿物的 Zeta 电位。由图可知，在 pH = 2 ~ 12 的范围内，镍黄铁矿与黄铁矿的 Zeta 电位为负，表面带负电荷；滑石与绿泥石的等电点较低，分别为 3.0 和 4.4，在广泛的 pH 范围内荷负电，与镍黄铁矿、黄铁矿等硫化矿的异相凝聚不显著，浮选中表现为不影响硫化矿的可浮性；而蛇纹石的等电点较高，$pH_{IEP} = 10$，在 pH < 10 的广泛 pH 范围内荷正电，易与荷负电的硫化矿发生异相凝聚，黏附在硫化矿物表面，影响硫化矿的浮选。

图 3-16 为镁硅酸盐矿物对硫化矿浮选精矿中 MgO 含量的影响。由图可知，

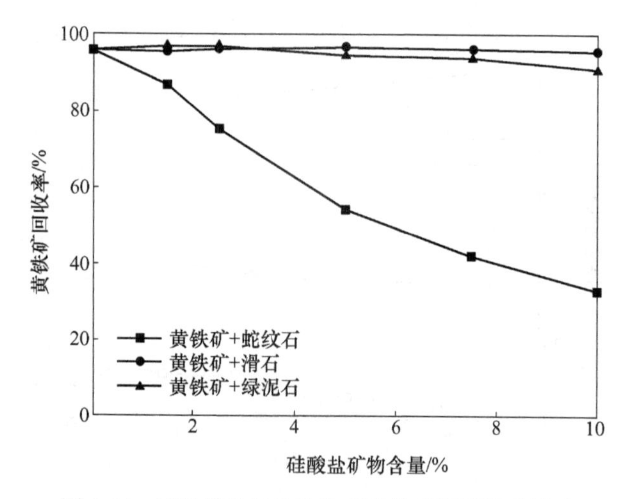

图 3-14 层状镁硅酸盐矿物对黄铁矿可浮性的影响

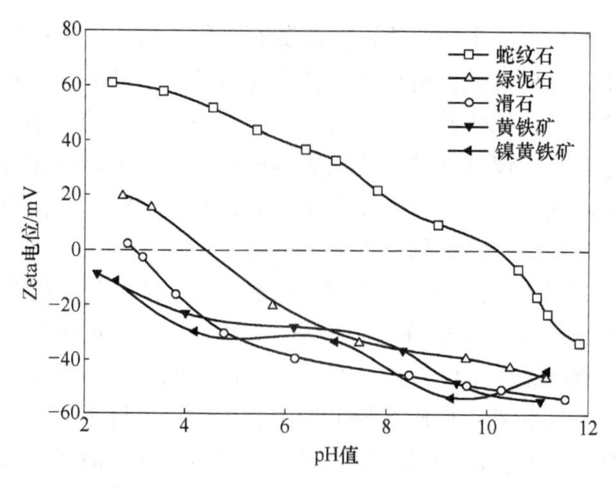

图 3-15 镁硅酸盐矿物与硫化矿物的 Zeta 电位

随着人工混合矿中滑石和绿泥石比例的升高，精矿中 MgO 的含量迅速上升。当滑石和绿泥石比例为 50%时，精矿的 MgO 含量分别升高至 15%和 9%，可知滑石和绿泥石通过浮选进入泡沫产品中。但随着人工混合矿中蛇纹石比例的升高，精矿中 MgO 含量仅略有增加，当蛇纹石比例达到 50%时，精矿中 MgO 含量还不到 2%。

由人工混合矿浮选试验可知，滑石和绿泥石由于其天然可浮而进入精矿，增加精矿中 MgO 含量，但不影响黄铁矿的可浮性；蛇纹石天然可浮性差，不易进入浮选精矿，但蛇纹石会影响黄铁矿的可浮性，降低人工混合矿中黄铁矿的浮选回收率。

综上所述，蛇纹石天然可浮性差，但由于静电吸引易与硫化矿发生异相凝

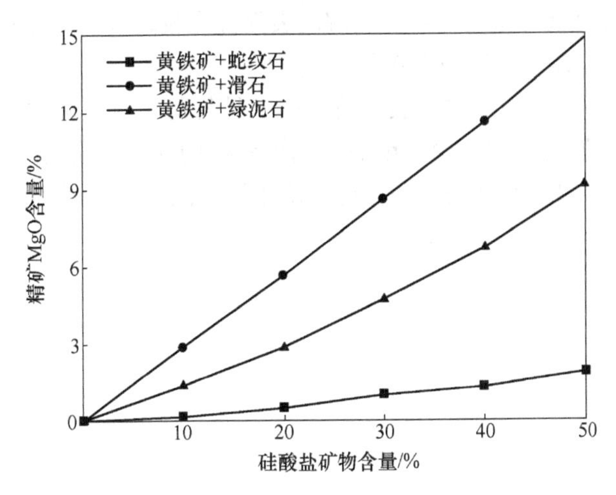

图 3-16 层状镁硅酸盐矿物对硫化矿浮选精矿 MgO 含量的影响

聚，对硫化矿浮选的影响表现为罩盖在硫化矿表面，降低其可浮性。滑石、绿泥石与硫化矿表面电位同号，矿物间的凝聚现象较弱，但滑石和绿泥石的天然可浮性较好，对硫化矿浮选的影响表现为易进入浮选泡沫，增加精矿中 MgO 杂质含量。故实现硫化铜镍矿与含镁硅酸盐矿物的浮选分离，需消除蛇纹石矿物与硫化矿的异相凝聚，并降低滑石与绿泥石的可浮性。由于绿泥石与滑石对硫化物浮选影响的方式相同，故在浮选过程中采取的调控手段相似，并且绿泥石的天然可浮性远比滑石低，因此在后面的研究工作中主要以蛇纹石和滑石作为研究对象，不再单独针对绿泥石进行系统的研究。

3.4 本章小结

本章通过润湿接触角测量、Zeta 电位测试、溶解性检测以及浮选试验，对层状镁硅酸盐矿物的晶体结构、表面性质与可浮性的关系进行了研究，得到以下结论：

（1）蛇纹石、滑石与绿泥石均为三八面体型层状硅酸盐矿物，矿物晶体中结构单元层均由硅氧四面体与镁氧八面体组成。蛇纹石为 TO 型层状硅酸盐矿物，滑石为 TOT 型层状硅酸盐矿物，绿泥石为 TOT-O 型层状硅酸盐矿物，结构单元层间包含有“水镁石型”层。

（2）蛇纹石解离时镁氧八面体层断裂，表面暴露的镁氧键离子性强，水化作用强，天然亲水性好；滑石解离主要沿层间断裂，表面为残余的分子键，水化作用弱，天然疏水性好；绿泥石解离时表面同时暴露出分子键和镁氧键，天然疏水性介于蛇纹石与滑石之间。

（3）在水溶液中蛇纹石表面羟基断裂，Mg^{2+}残留在蛇纹石表面使其荷正电，零电点 pH 值为 10.0；滑石与绿泥石解离表面优先吸附溶液中的 OH^-，矿物表面荷负电，零电点 pH 值分别为 3.0 和 4.4。

（4）当 pH<10 时，蛇纹石表面荷正电，易与荷负电的硫化矿、滑石及绿泥石通过静电作用发生异相凝聚，影响硫化铜镍矿的浮选；滑石与绿泥石荷负电，与硫化铜镍矿的异相凝聚较弱，但滑石与绿泥石由于天然疏水而上浮，增加精矿中 MgO 含量。

4　颗粒间异相凝聚对矿物浮选分离的影响

硫化铜镍矿浮选过程中，矿物颗粒间易发生异相凝聚，影响目的矿物与脉石矿物的浮选分离。本章针对硫化铜镍矿中的代表矿物黄铁矿、蛇纹石和滑石，研究矿物异相颗粒间的聚集与分散行为，以及异相凝聚对矿物浮选分离的影响，并考察了各类调整剂对矿物聚集与分散行为的影响。

4.1　多矿相矿物颗粒间聚集与分散行为

4.1.1　同相矿物颗粒间的聚集与分散行为

采用沉降试验来考察矿物颗粒间的聚集与分散行为。对于矿物颗粒在水介质中的沉降体系，通过测量沉降体系上部分的浊度大小来表征矿物间的聚集与分散状态。当浊度较大时，表示沉降体系上层悬浊液中矿物颗粒数量较多，矿浆处于分散状态；反之，当浊度较小时，代表上层悬浊液中矿物颗粒数量较少，矿浆处于聚集状态。

图 4-1 是不同 pH 值条件下各单矿物同相间颗粒的聚集与分散行为。从图中可以看出，蛇纹石在 pH = 7 ~ 12 时同相颗粒间发生凝聚；滑石随 pH 值升高颗粒间分散性变好；黄铁矿为粗颗粒，沉降速度很快，在悬浮体系中的浊度很低。

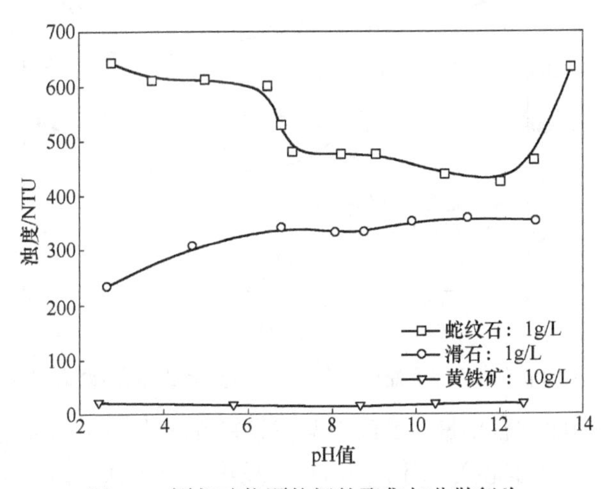

图 4-1　同相矿物颗粒间的聚集与分散行为

图 4-2 所示为不同单矿物用量下同相颗粒间的聚集与分散行为。由图可知，随着矿物用量增大，蛇纹石与滑石悬浮体系的浊度逐渐升高。

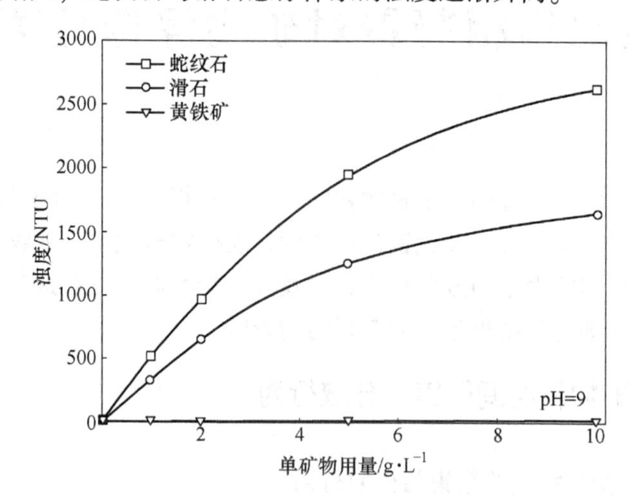

图 4-2 单矿物用量对同相矿物颗粒间聚集与分散行为的影响

4.1.2 蛇纹石与黄铁矿颗粒间的聚集与分散行为

图 4-3 所示是不同 pH 值条件下蛇纹石与黄铁矿人工混合矿的聚集与分散行为。由图可以看出，混合矿实际浊度比理论浊度低，蛇纹石与黄铁矿颗粒间发生异相凝聚，在 pH = 8～12 范围内，颗粒间的异相凝聚最显著。

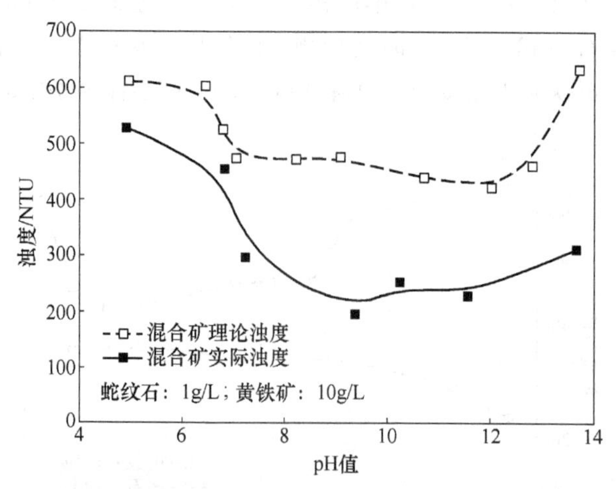

图 4-3 不同 pH 值条件下蛇纹石与黄铁矿异相颗粒间的聚集与分散行为

图 4-4 所示为蛇纹石用量对蛇纹石与黄铁矿在水介质中的聚集与分散状态的影响。由图可知，随着蛇纹石用量的增加，蛇纹石与黄铁矿的人工混合矿实际浊度与理论浊度的差异逐渐增大，蛇纹石与黄铁矿颗粒间异相凝聚更加显著。

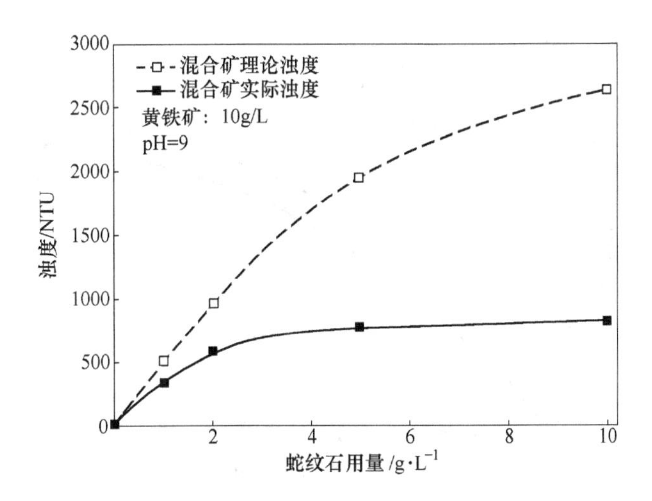

图 4-4 蛇纹石用量对混合矿聚集与分散行为的影响

4.1.3 滑石与黄铁矿颗粒间的聚集与分散行为

图 4-5 所示是不同 pH 值条件下滑石与黄铁矿人工混合矿的聚集与分散行为。由图可知，混合矿实际浊度与理论浊度相比仅略有降低，滑石与黄铁矿颗粒间没有发生显著的异相凝聚。

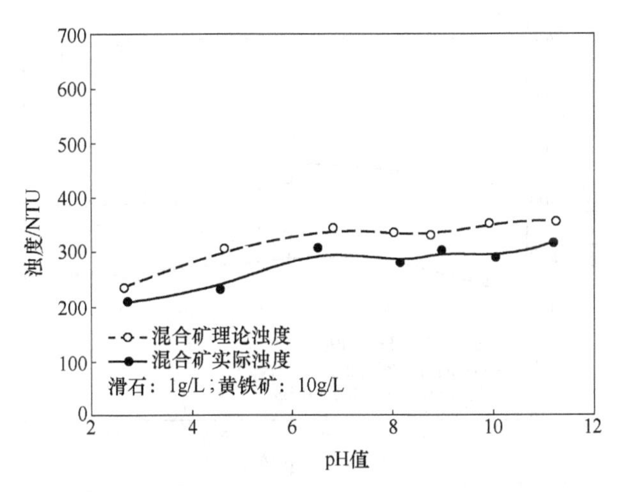

图 4-5 不同 pH 值条件下滑石与黄铁矿颗粒间的聚集与分散行为

图 4-6 所示为滑石用量对滑石与黄铁矿人工混合矿聚集与分散行为的影响。由图可知，随着滑石用量增加，当滑石与黄铁矿的比例达到 1∶1 时，滑石与黄铁矿颗粒间的异相凝聚仍然不明显。

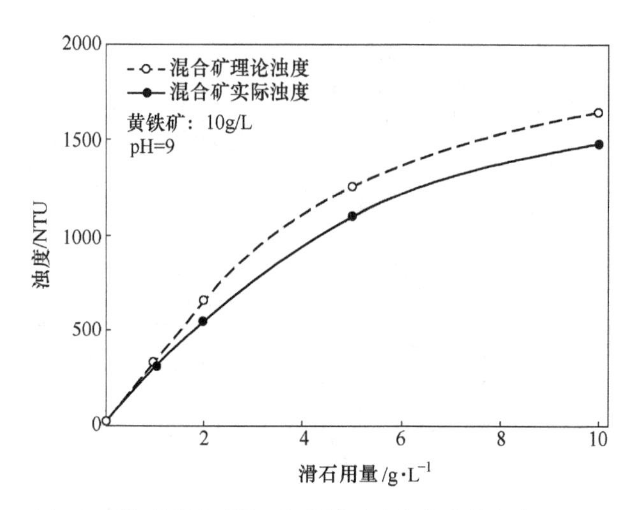

图 4-6 滑石用量对滑石与黄铁矿聚集与分散行为的影响

4.1.4 蛇纹石与滑石颗粒间的聚集与分散行为

图 4-7 所示为不同 pH 值条件下蛇纹石与滑石人工混合矿的聚集与分散行为。由图中可以看出，混合矿实际浊度与理论浊度相比有较大幅度的降低，蛇纹石与滑石颗粒间发生异相凝聚。

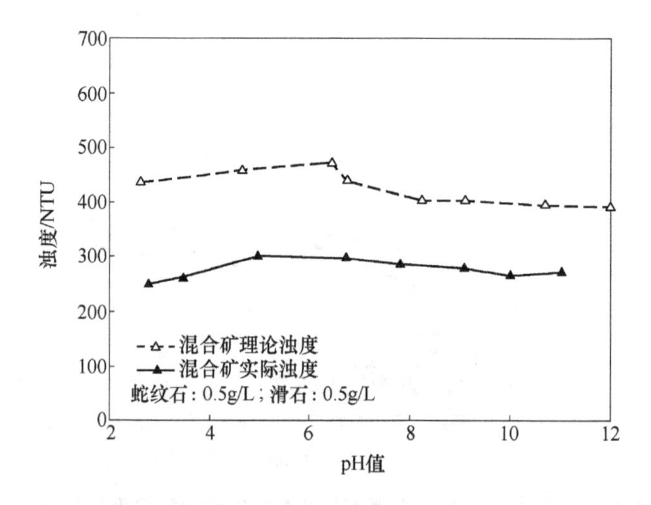

图 4-7 不同 pH 值条件下蛇纹石与滑石颗粒间的聚集与分散行为

图 4-8 所示为混合矿用量对蛇纹石与滑石在水介质中的聚集与分散状态的影响。由图可知，随着矿物用量的增加，混合矿实际浊度与理论浊度的差异逐渐增大，蛇纹石与滑石颗粒间异相凝聚更为显著。

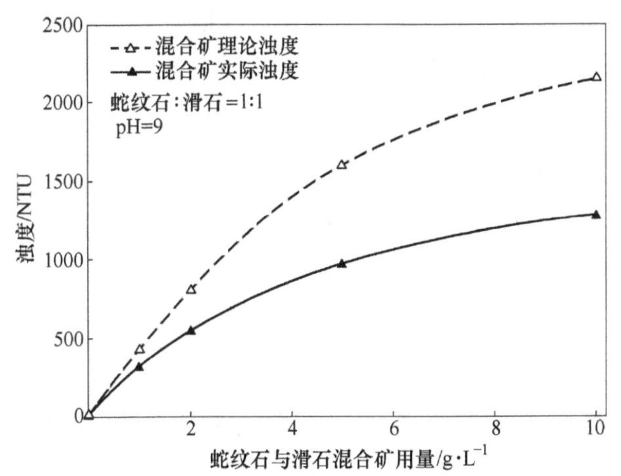

图 4-8 混合矿用量对蛇纹石与滑石聚集与分散行为的影响

4.2 颗粒间异相凝聚对矿物浮选分离的影响及机制

4.2.1 异相凝聚对蛇纹石与黄铁矿浮选分离的影响

图 4-9 所示为不同 pH 值条件下蛇纹石对黄铁矿可浮性的影响。由图可知，蛇纹石基本不可浮。黄铁矿单矿物在 pH<10 的范围内可浮性均很好，在捕收剂戊基钾黄药（PAX）用量为 1×10^{-4} mol/L 时，浮选回收率可达到 90%以上；当 pH>10 之后黄铁矿的可浮性迅速下降，在 pH 值达到 12 时黄铁矿基本不可浮。当蛇纹石与黄铁矿混合后，黄铁矿的浮选回收率显著降低，当 pH=9 时，黄铁矿的回收率从 90%下降至 24%。

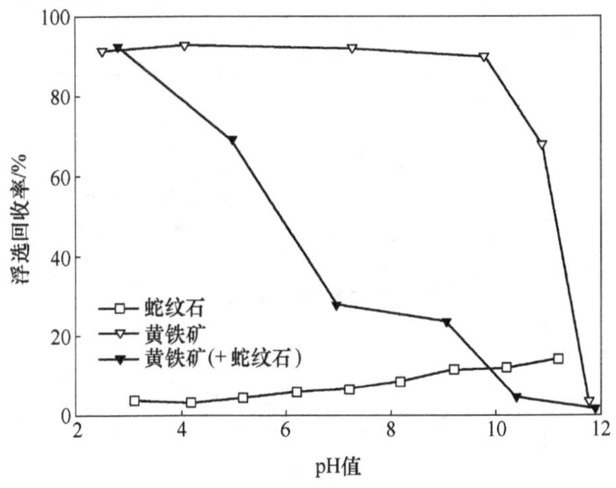

图 4-9 不同 pH 值条件下蛇纹石对黄铁矿可浮性的影响

（PAX 用量：1×10^{-4}mol/L；矿物用量：2g；混合矿中蛇纹石：黄铁矿=1：9）

图 4-10 所示为 pH = 9 时蛇纹石用量对黄铁矿可浮性的影响。由图可知，随着蛇纹石用量的增大，黄铁矿的可浮性逐渐降低，蛇纹石对黄铁矿可浮性的影响逐渐增大。

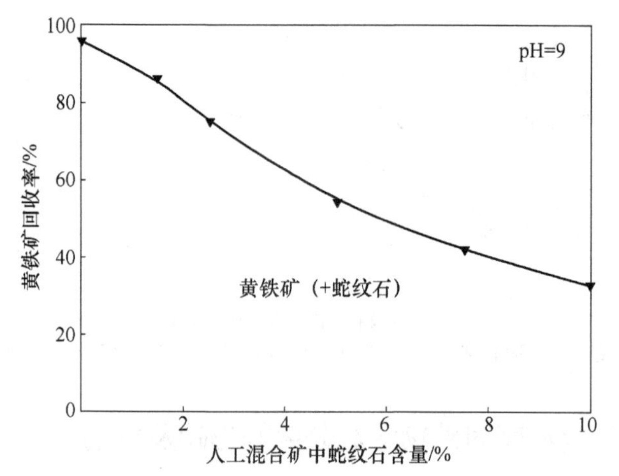

图 4-10　蛇纹石用量对黄铁矿可浮性的影响

（PAX 用量：1×10^{-4}mol/L；人工混合矿用量：2g）

4.2.2　蛇纹石与滑石异相凝聚对滑石抑制的影响

图 4-11 所示为蛇纹石对滑石可浮性的影响。由图可知，蛇纹石基本不可浮；滑石的可浮性很好，浮选回收率达到 90%。滑石与蛇纹石混合后，混合矿的实际回收率略小于理论回收率，表明异相凝聚使蛇纹石黏附在滑石表面，降低了滑石的可浮性。

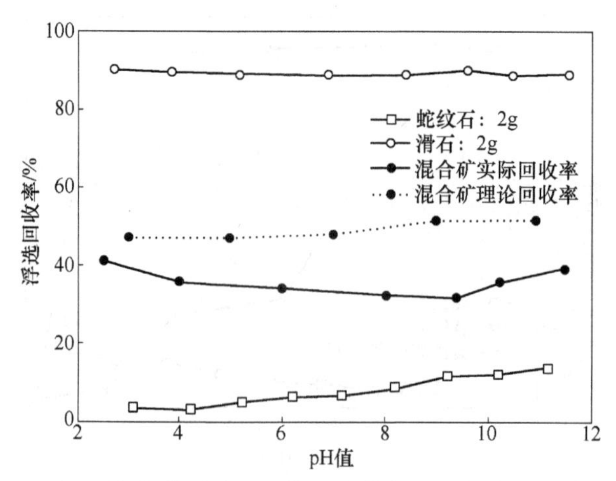

图 4-11　不同 pH 值条件下蛇纹石对滑石可浮性的影响

（甲基异丁甲醇（MIBC）用量：10mg/L；混合矿用量：2g；混合矿中蛇纹石：滑石 = 1：1）

图 4-12 所示为蛇纹石对滑石浮选抑制的影响。由图可知，对于滑石单矿物，古尔胶能完全抑制其浮选；而对于与蛇纹石混合后的滑石，古尔胶并不能使其完全抑制。

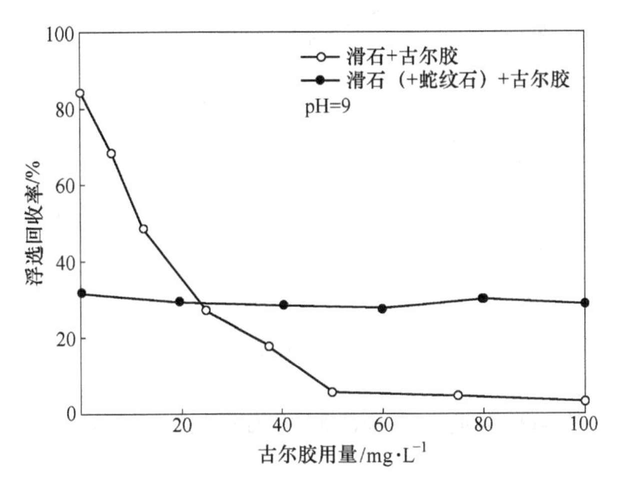

图 4-12 蛇纹石对滑石浮选抑制的影响

（MIBC 用量：10mg/L；混合矿用量：2g；混合矿中蛇纹石：滑石＝1：1）

综上所述，蛇纹石与滑石颗粒间的异相凝聚，一方面降低了滑石的可浮性，另一方面使滑石不能完全被抑制。

4.2.3 颗粒间异相凝聚影响矿物浮选分离的机制

4.2.3.1 异相凝聚对蛇纹石与黄铁矿浮选分离的影响机制

图 4-13 所示为蛇纹石与黄铁矿表面的 Zeta 电位-pH 值图。由图可知，在$pH<10$时蛇纹石表面荷正电，黄铁矿表面荷负电，蛇纹石与黄铁矿颗粒间静电作用力表现为相互吸引，蛇纹石与黄铁矿由于表面电性差异易发生异相凝聚。

通过戊基钾黄药（PAX）吸附量试验考察了异相凝聚降低黄铁矿可浮性的机制。图 4-14 所示为 PAX 在蛇纹石与黄铁矿表面的吸附等温线。由图可知，随着 PAX 浓度的升高，黄铁矿单矿物吸附的 PAX 逐渐增多，PAX 浓度达到6×10^{-4}mol/L后，黄铁矿表面吸附的 PAX 基本饱和，吸附量不再上升。蛇纹石单矿物基本不吸附黄药，随着黄药用量的增大，蛇纹石表面吸附的黄药量也没有明显的增加。

由于蛇纹石基本不吸附黄药，故在人工混合矿中，PAX 只吸附在黄铁矿表面。由图 4-14 可知，黄铁矿与蛇纹石混合后，黄铁矿吸附的黄药量变得很小，随着 PAX 用量的增大，黄铁矿表面吸附的黄药仅略有增多。蛇纹石的存在降低了 PAX 在黄铁矿表面的吸附量，进而降低黄铁矿的可浮性。

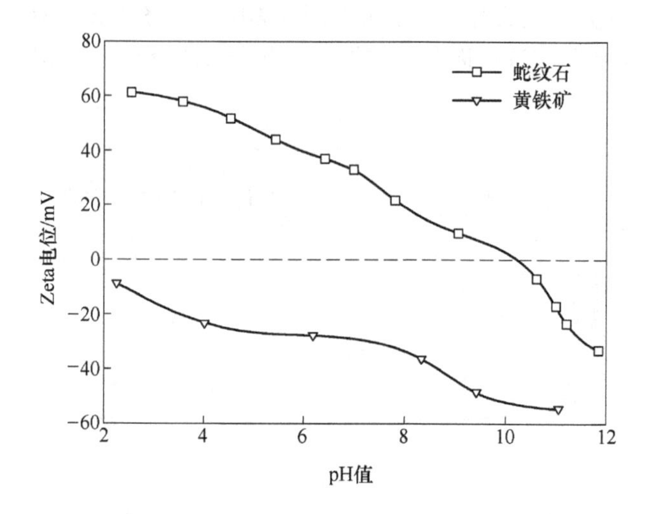

图 4-13 不同 pH 值条件下蛇纹石与黄铁矿的 Zeta 电位

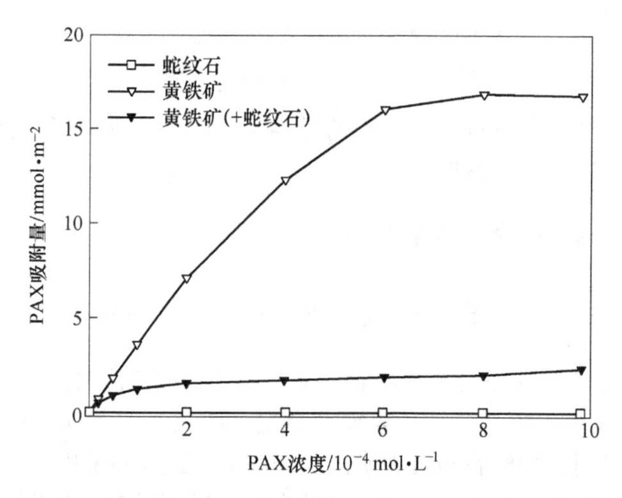

图 4-14 戊基钾黄药在蛇纹石与黄铁矿表面的吸附等温线

（pH=9；黄铁矿用量：1g/L；蛇纹石用量：1g/L）

由此可知，在蛇纹石与黄铁矿的混合体系中，矿物颗粒间发生异相凝聚，蛇纹石罩盖在黄铁矿表面，影响了硫化矿捕收剂 PAX 在黄铁矿表面的吸附，进而影响黄铁矿的可浮性。

图 4-15 所示为不同 pH 值条件下 PAX 在蛇纹石与黄铁矿表面的吸附量，从图中可以看出，当 pH<10 时，PAX 在黄铁矿表面的吸附量均较大，峰值出现在 pH=7 左右；但当 pH>10 之后，吸附量迅速下降，pH=12 后黄铁矿基本不吸附黄药。在广泛的 pH 范围内黄药均不在蛇纹石表面发生吸附。从图 4-15 中还可以

看出，当蛇纹石与黄铁矿混合后，硫化矿捕收剂 PAX 在黄铁矿表面的吸附量在广泛 pH 范围内均显著降低。

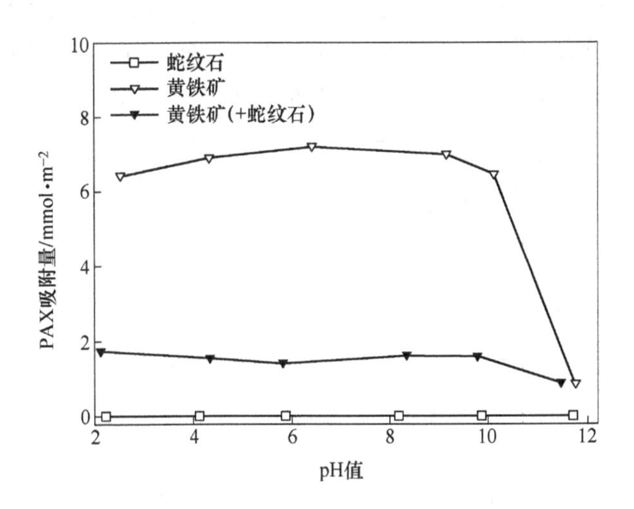

图 4-15 不同 pH 值条件下 PAX 在矿物表面的吸附量

（PAX 用量：2×10^{-4}mol/L；黄铁矿用量：1g/L；蛇纹石用量：1g/L）

由此可知，蛇纹石与黄铁矿混合体系中，蛇纹石在广泛 pH 范围内均影响黄药在黄铁矿表面的吸附。

图 4-16 所示为添加蛇纹石用量对黄铁矿表面吸附 PAX 的影响。由图可知，随着蛇纹石用量的增加，PAX 在黄铁矿表面的吸附量迅速降低。蛇纹石含量越高，PAX 在黄铁矿表面的吸附量越低。

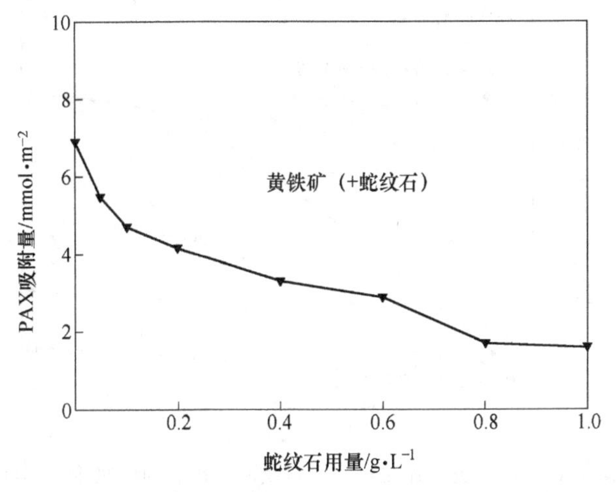

图 4-16 蛇纹石用量对 PAX 在黄铁矿表面吸附的影响

（pH=9；PAX 用量：2×10^{-4}mol/L；黄铁矿用量：1g/L）

4.2.3.2　蛇纹石与滑石矿物间异相凝聚影响滑石抑制的机制

图 4-17 所示为蛇纹石与滑石表面的 Zeta 电位-pH 值图。由图可知，在 pH=3~10 时蛇纹石表面荷正电，而滑石表面荷负电，蛇纹石与滑石颗粒间静电作用力表现为相互吸引，蛇纹石与滑石由于表面电性差异易发生异相凝聚。

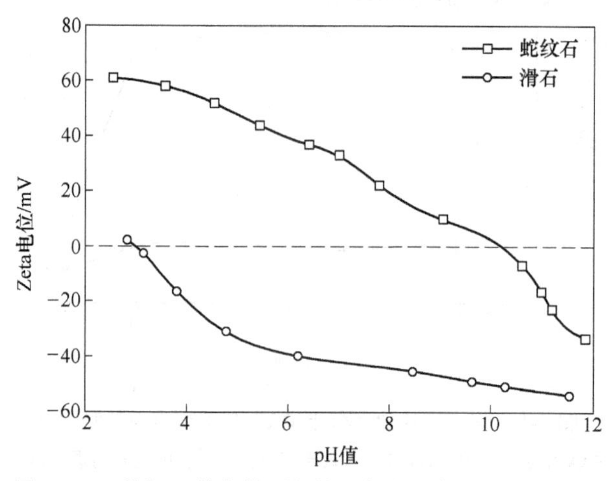

图 4-17　不同 pH 值条件下蛇纹石与滑石表面的 Zeta 电位

通过古尔胶吸附量试验考察了异相凝聚影响滑石抑制的机制。古尔胶是一种滑石等硅酸盐矿物的有效抑制剂，图 4-18 所示为古尔胶在蛇纹石、滑石及混合矿表面的吸附等温线。由图可知，古尔胶在滑石表面的吸附量较大，在蛇纹石表面的吸附量相对较小。取古尔胶在滑石与蛇纹石单矿物表面吸附量的算术平均值

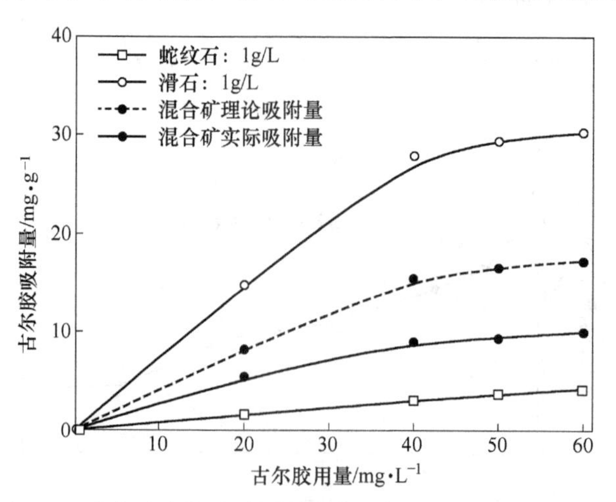

图 4-18　古尔胶在蛇纹石、滑石及混合矿表面的吸附等温线
（pH=9；混合矿用量：1g/L；混合矿中蛇纹石：滑石=1：1）

为混合矿的理论吸附量。滑石与蛇纹石混合后，古尔胶在混合矿的实际吸附量小于理论吸附量，表明蛇纹石与滑石颗粒间的异相凝聚，减弱了古尔胶在滑石表面的吸附。

综上所述，蛇纹石与黄铁矿由于表面电性差异导致异相凝聚，减少捕收剂黄药在黄铁矿表面的吸附量，进而降低黄铁矿在黄药体系下的可浮性；蛇纹石与滑石由于表面电性差异导致异相凝聚，减少抑制剂古尔胶在滑石表面的吸附量，进而使滑石不能被完全抑制。

4.3 调整剂对矿物颗粒间聚集与分散行为的影响

由于颗粒间的异相凝聚影响矿物的浮选分离，本节将考察调整剂对异相矿物颗粒间聚集与分散行为的影响规律。

4.3.1 调整剂对蛇纹石与黄铁矿颗粒间聚集与分散行为的影响

4.3.1.1 金属无机盐对异相颗粒间聚集与分散行为的影响

图 4-19 所示是不同 pH 值条件下金属无机盐对人工混合矿聚集与分散行为的影响。由图 4-19 可以看出，人工混合矿与蛇纹石的浊度相比有明显的降低，蛇纹石与黄铁矿之间特别是在碱性 pH 条件下发生显著的异相凝聚。当 pH<7 时，金属无机盐对人工混合矿的浊度影响不大；当 pH>7 时，加入氯化铁、硫酸铝和氯化镁后混合矿的浊度均有所降低，混合矿体系的分散性变差，故金属无机盐并不能减弱蛇纹石与黄铁矿间的异相凝聚。

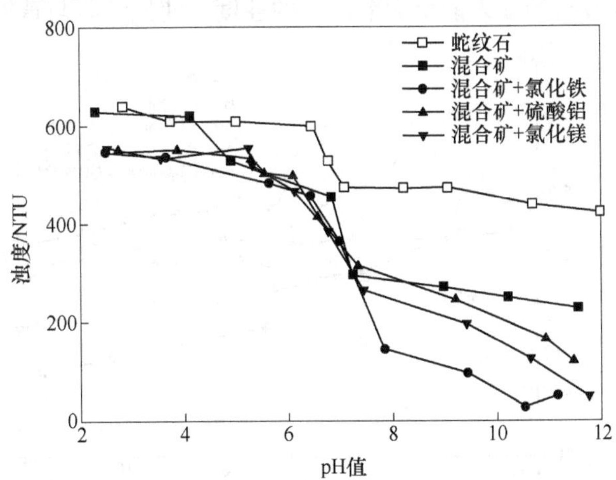

图 4-19 不同 pH 值条件下金属无机盐对人工混合矿聚集与分散行为的影响

（金属无机盐用量：1×10^{-4}mol/L；人工混合矿用量：10g/L；蛇纹石：黄铁矿 = 1：9）

图 4-20 所示为 pH = 9 时金属无机盐用量对人工混合矿聚集与分散行为的影

响。由图 4-20 可以看出，随着氯化铁用量的增大，混合矿的浊度逐渐降低，蛇纹石与黄铁矿的异相凝聚更加显著；随着硫酸铝和氯化镁用量的增加，混合矿的浊度变化不明显。

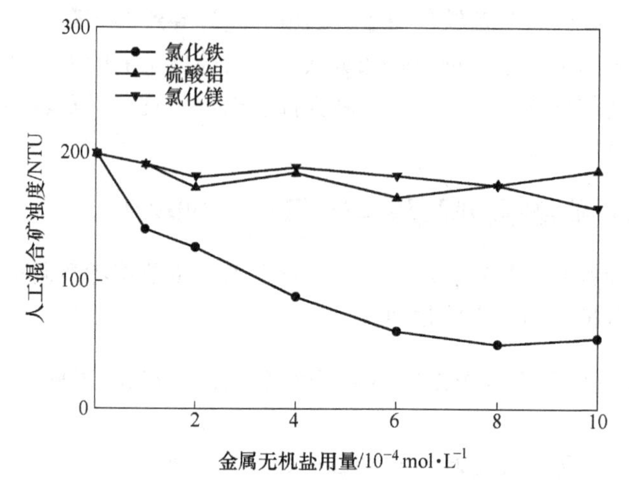

图 4-20　金属无机盐用量对人工混合矿聚集与分散行为的影响
（pH＝9；人工混合矿用量：10g/L；蛇纹石：黄铁矿＝1：9）

4.3.1.2　磷酸盐对人工混合矿聚集与分散行为的影响

图 4-21 所示为磷酸盐对人工混合矿聚集与分散行为的影响。从图中可以看出，当 pH<7 时，磷酸盐降低混合矿的浊度，促进蛇纹石与黄铁矿的异相凝聚；当 pH>7 时，磷酸盐的加入能增大混合矿的浊度，使蛇纹石与黄铁矿得到有效分

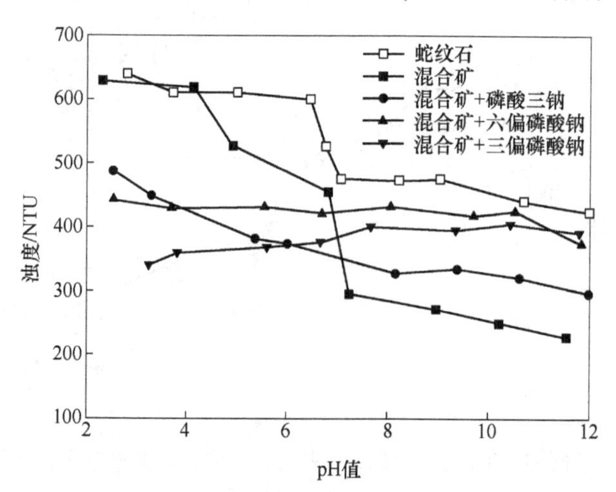

图 4-21　不同 pH 值条件下磷酸盐对混合矿聚集与分散行为的影响
（磷酸盐用量：50mg/L；人工混合矿用量：10g/L；蛇纹石：黄铁矿＝1：9）

散。在药剂用量均为50mg/L时，三种磷酸盐在碱性pH条件下对混合矿分散能力的大小顺序为：六偏磷酸钠>三偏磷酸钠>磷酸三钠。

图4-22所示为磷酸盐用量对人工混合矿聚集与分散行为的影响。由图可知，随着磷酸盐用量的增大，人工混合矿的浊度逐渐升高，蛇纹石与黄铁矿之间的分散性得到改善。其中六偏磷酸钠对混合矿的分散能力最强，三偏磷酸钠次之，磷酸三钠的分散效果最差。

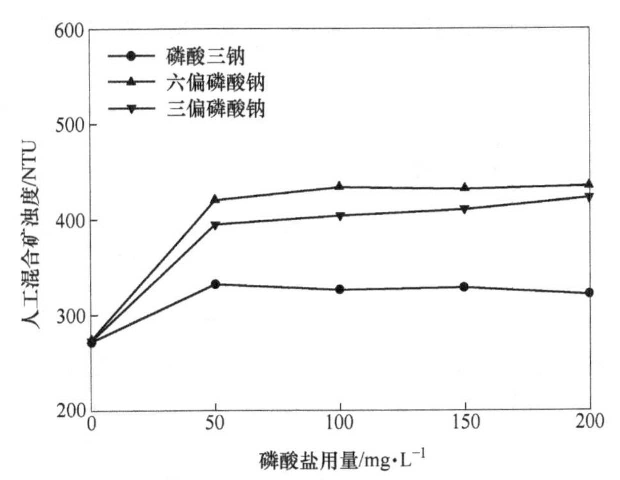

图4-22 磷酸盐用量对混合矿聚集与分散行为的影响

(pH=9；人工混合矿用量：10g/L；蛇纹石：黄铁矿=1：9)

4.3.1.3 含硅调整剂对人工混合矿聚集与分散行为的影响

图4-23所示为水玻璃、氟硅酸钠在不同pH值条件下对人工混合矿聚集与分

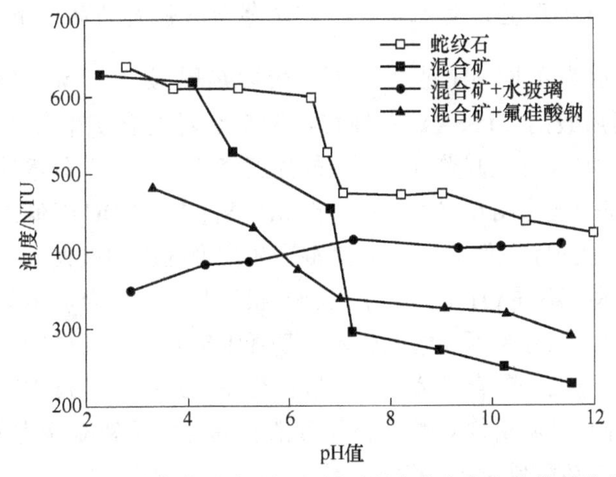

图4-23 不同pH值条件下含硅调整剂对混合矿聚集与分散行为的影响

(含硅调整剂用量：50mg/L；人工混合矿用量：10g/L；蛇纹石：黄铁矿=1：9)

散行为的影响。从图中可以看出，当 pH<7 时，含硅调整剂降低混合矿的浊度，促进蛇纹石与黄铁矿的异相凝聚；当 pH>7 时，含硅调整剂能增大混合矿的浊度，使蛇纹石与黄铁矿得到有效分散。在药剂用量均为 50mg/L 时，在碱性 pH 条件下水玻璃对混合矿的分散能力优于氟硅酸钠。

图 4-24 所示为 pH = 9 时含硅调整剂用量对人工混合矿聚集与分散行为的影响。由图可知，随着含硅调整剂用量的增大，人工混合矿的浊度逐渐升高，蛇纹石与黄铁矿之间的分散性得到改善。其中水玻璃对混合矿的分散能力强于氟硅酸钠的分散能力。

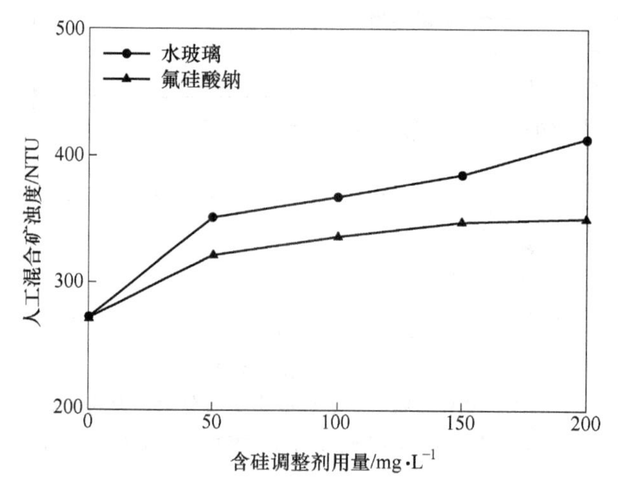

图 4-24　含硅调整剂用量对混合矿聚集与分散行为的影响

（pH = 9；人工混合矿用量：10g/L；蛇纹石：黄铁矿 = 1：9）

4.3.1.4　有机调整剂对人工混合矿聚集与分散行为的影响

图 4-25 所示为不同 pH 值条件下，聚丙烯酰胺（PAM）、羧甲基纤维素（CMC）和聚丙烯酸钠（PSSA）三种有机调整剂对混合矿聚集与分散行为的影响。由图可知，加入有机调整剂后体系的浊度降低，混合矿分散性变差，蛇纹石与黄铁矿颗粒间表现为相互聚集。在酸性 pH 条件下，CMC 降低混合矿浊度的幅度最大；而在碱性 pH 条件下，PAM 对混合矿浊度的影响最大。

图 4-26 所示为不同 pH 值条件下三种有机调整剂对混合矿聚集与分散行为的影响。由图可知，加入聚丙烯酰胺、羧甲基纤维素和聚丙烯酸钠后，混合矿物体系的浊度均显著降低，混合矿体系的分散性变差，蛇纹石与黄铁矿颗粒间表现为相互凝聚。三种有机调整剂对蛇纹石与黄铁矿混合体系絮凝能力的大小顺序为：聚丙烯酰胺>聚丙烯酸钠>羧甲基纤维素。

综上所述，磷酸盐和含硅调整剂能提高混合矿的分散性，减弱蛇纹石与黄铁

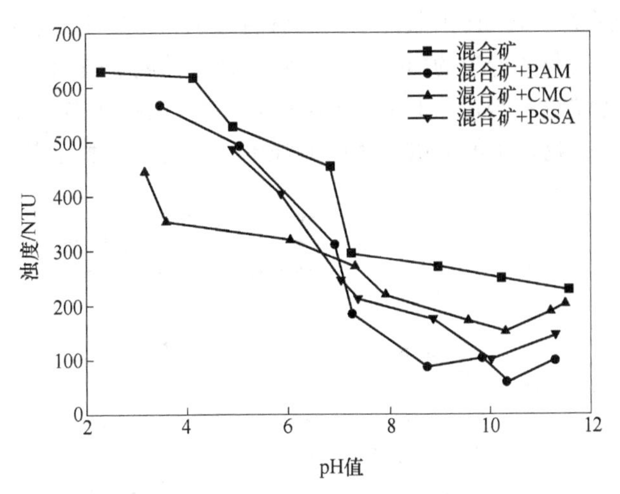

图 4-25 不同 pH 值条件下有机调整剂对混合矿聚集与分散行为的影响

（有机调整剂用量：0.1mg/L；人工混合矿用量：10g/L；蛇纹石：黄铁矿=1：9）

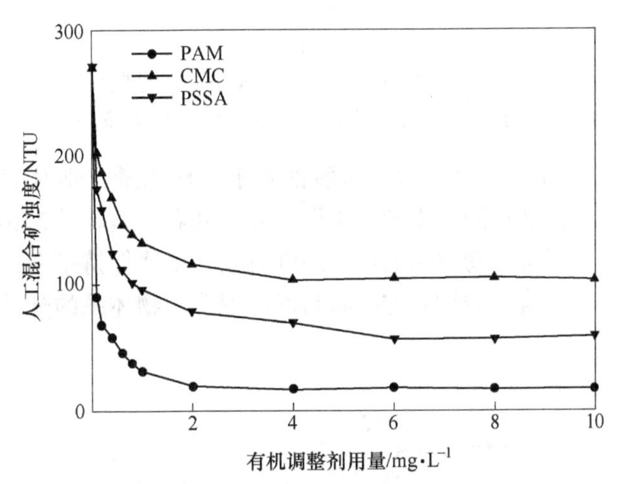

图 4-26 有机调整剂用量对混合矿聚集与分散行为的影响

（pH=9；人工混合矿用量：10g/L；蛇纹石：黄铁矿=1：9）

矿的异相凝聚。调整剂对蛇纹石与黄铁矿混合矿分散能力的大小顺序为：六偏磷酸钠>三偏磷酸钠>水玻璃>磷酸三钠>氟硅酸盐。

4.3.2 调整剂对蛇纹石与滑石颗粒间聚集与分散行为的影响

上一节研究了几类调整剂对蛇纹石与黄铁矿聚集与分散行为的影响，其中聚合磷酸盐与水玻璃能减弱蛇纹石与黄铁矿颗粒间的异相凝聚。本小节针对六偏磷酸钠与水玻璃两种调整剂，研究了其对蛇纹石与滑石颗粒间聚集与分散行为的影响规律。

图 4-27 所示为不同 pH 值条件下，六偏磷酸钠和水玻璃分别对蛇纹石与滑石人工混合矿聚集与分散行为的影响。添加六偏磷酸钠或水玻璃均能增大混合矿物体系的浊度，使蛇纹石与滑石矿物颗粒得到分散。从图 4-27 中还可以看出，六偏磷酸钠对混合矿物体系的分散作用明显强于水玻璃的分散作用。

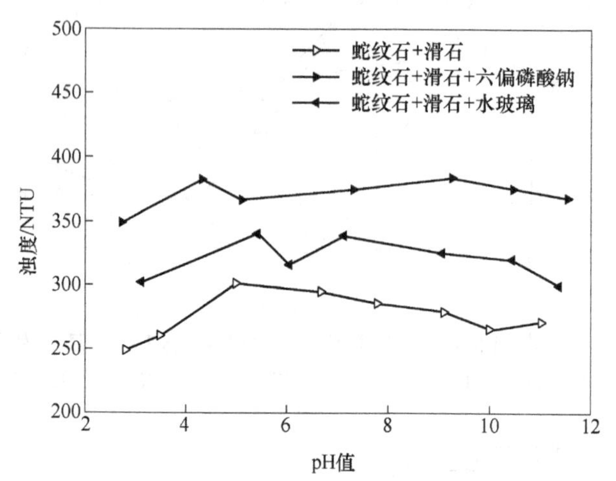

图 4-27　调整剂对蛇纹石与滑石混合矿聚集与分散行为的影响

（调整剂用量：50mg/L；蛇纹石用量：0.5g/L；滑石用量：0.5g/L）

图 4-28 所示为 pH = 9 时，六偏磷酸钠和水玻璃用量分别对蛇纹石与滑石混合矿物体系聚集与分散行为的影响。由图可知，随着六偏磷酸钠和水玻璃用量增大，蛇纹石与滑石混合矿物体系的浊度逐渐升高并最终保持平衡，混合矿的分散性逐渐变好。其中六偏磷酸钠对蛇纹石与滑石混合矿物体系的分散能力大于水玻璃的分散能力。

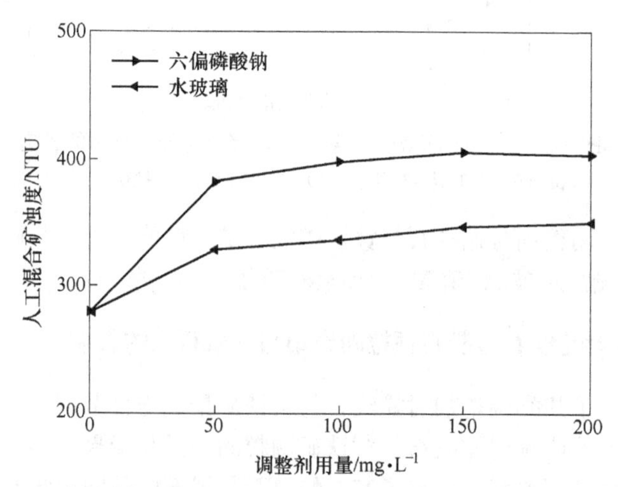

图 4-28　调整剂用量对蛇纹石与滑石混合矿聚集与分散行为的影响

（pH = 9；蛇纹石用量：0.5g/L；滑石用量：0.5g/L）

4.4 本章小结

本章采用沉降试验、Zeta 电位测试、吸附量测试与浮选试验等手段，研究了硫化铜镍矿浮选体系中多种矿物颗粒间的聚集与分散行为，重点讨论了蛇纹石与黄铁矿、蛇纹石与滑石矿物间异相凝聚对矿物浮选的影响及机理，得到以下结论：

(1) 蛇纹石与黄铁矿、蛇纹石与滑石矿物颗粒间由于表面电性相反，易通过静电相互作用发生异相凝聚。

(2) 蛇纹石与黄铁矿矿物间的异相凝聚，导致黄铁矿对捕收剂的吸附能力降低，从而降低黄铁矿的可浮性。

(3) 蛇纹石与滑石矿物间的异相凝聚，一方面使滑石的可浮性降低，另一方面导致滑石对抑制剂的吸附能力降低，从而使滑石不能被完全抑制。

(4) 聚合磷酸盐和水玻璃能较好地分散蛇纹石与黄铁矿、蛇纹石与滑石，减弱甚至消除矿物颗粒间的异相凝聚。

5 Mg 的迁移对蛇纹石表面电性的强化调控

蛇纹石在 pH<10 的范围内均荷正电，易与其他荷负电的矿物通过静电作用发生异相凝聚，从而影响矿物浮选分离。调控蛇纹石的表面电性使其荷负电可以使矿物间静电作用转变为相互排斥，进而消除颗粒间的异相凝聚。本章研究了蛇纹石表面 Mg 的迁移对其表面电性的调控机制，并考察了表面电性调控对矿物浮选分离的强化。

5.1 蛇纹石表面 Mg 的迁移与表面电性调控机制

5.1.1 表面 Mg 的迁移对蛇纹石表面电性的影响

降低蛇纹石双电层中定位离子的正电荷密度是调控蛇纹石表面电性的有效途径之一。Mg^{2+}是蛇纹石扩散双电层中的定位离子之一，降低蛇纹石表面 Mg^{2+}浓度可以降低双电层定位离子的正电荷密度，从而降低蛇纹石的表面电位。

5.1.1.1 镁的迁移对蛇纹石 Zeta 电位的影响

本书采用酸处理脱除蛇纹石表面的 Mg 离子，当盐酸浓度为 2×10^{-2}mol/L 时，蛇纹石表面镁的脱除量为 14.63mg/g。图 5-1 所示为镁的迁移对蛇纹石 Zeta 电位的影响。脱镁蛇纹石与蛇纹石原矿相比，Zeta 电位出现显著负移，等电点从 10 下降到 5.4。

由图 5-1 可知，蛇纹石脱除镁后再加入 24mg · L^{-1}（即 1×10^{-3}mol · L^{-1}）的 Mg^{2+}，当 pH<8 时，Zeta 电位略有降低；当 pH>8 后，Zeta 电位维持在+20mV 左右，不再发生明显的变化。在脱镁蛇纹石的矿浆中再加入 Mg^{2+}，蛇纹石表面重新恢复正电性。由此可见降低蛇纹石的 Zeta 电位不仅需要将镁离子从矿物表面溶出，还需将溶出的镁离子从体系中脱除。

5.1.1.2 镁的迁移对蛇纹石与黄铁矿聚集与分散行为的影响

图 5-2 所示为蛇纹石表面镁的迁移对蛇纹石与黄铁矿聚集与分散行为的影响。由图可知，脱镁蛇纹石与黄铁矿在 pH>7 后，分散性显著变好，颗粒间的异相凝聚得到减弱。加入 Mg^{2+}后，脱镁蛇纹石与黄铁矿在 pH>8 后，分散性变差，矿物颗粒重新聚集在一起，分散性变差。由此可见，实现蛇纹石与黄铁矿的分

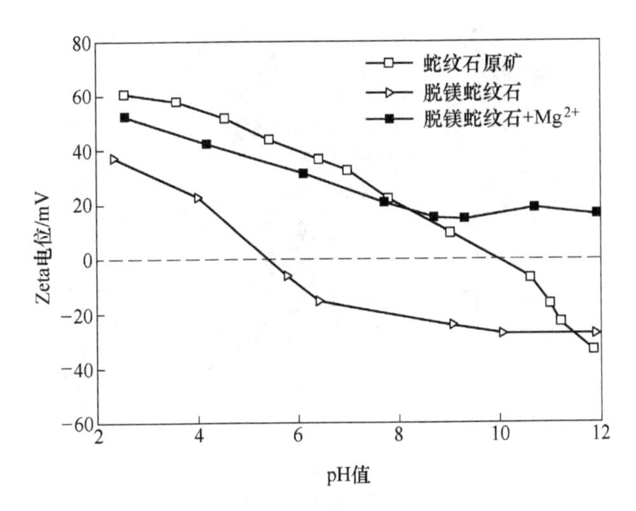

图5-1　不同pH值条件下镁的迁移对蛇纹石Zeta电位的影响

（蛇纹石用量：0.6g/L；脱镁盐酸用量：2×10^{-2}mol/L；添加Mg^{2+}浓度：1×10^{-3}mol/L）

散，不仅需要脱除蛇纹石表面的镁，还要使溶出的Mg^{2+}脱离矿浆体系。

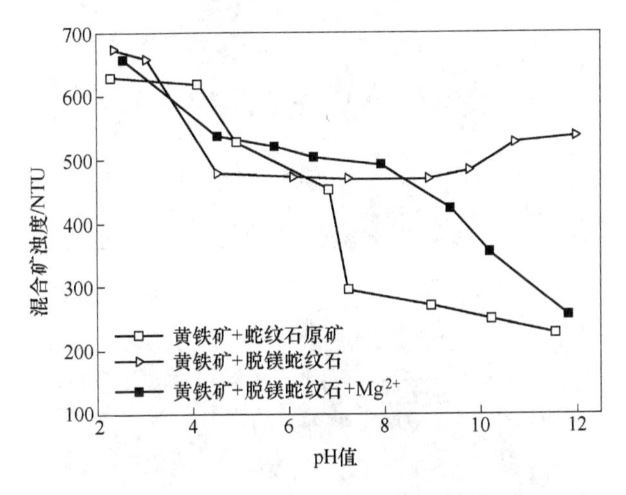

图5-2　镁的迁移对蛇纹石与黄铁矿聚集与分散行为的影响

（蛇纹石用量：1g/L；黄铁矿用量：9g/L；脱镁盐酸用量：2×10^{-2}mol/L；添加Mg^{2+}浓度：1×10^{-3}mol/L）

采用显微镜可以直接观测到蛇纹石与黄铁矿在矿浆中的分散状态。图5-3所示为蛇纹石与黄铁矿在矿浆中的显微照片，显微照片中黑色大颗粒为黄铁矿，浅色小颗粒为蛇纹石。采用Image-Pro Plus图形软件对获取的显微照片进行分析处理，得到显微照片的背景率和蛇纹石的颗粒数。背景率表示图像中没有颗粒的背景面积百分比，背景率越大表明矿物颗粒所占的面积比例越小，分散性越差；反之说明分散性越好。颗粒数表示图像中有明显边界的矿物颗粒数量，颗粒数越少

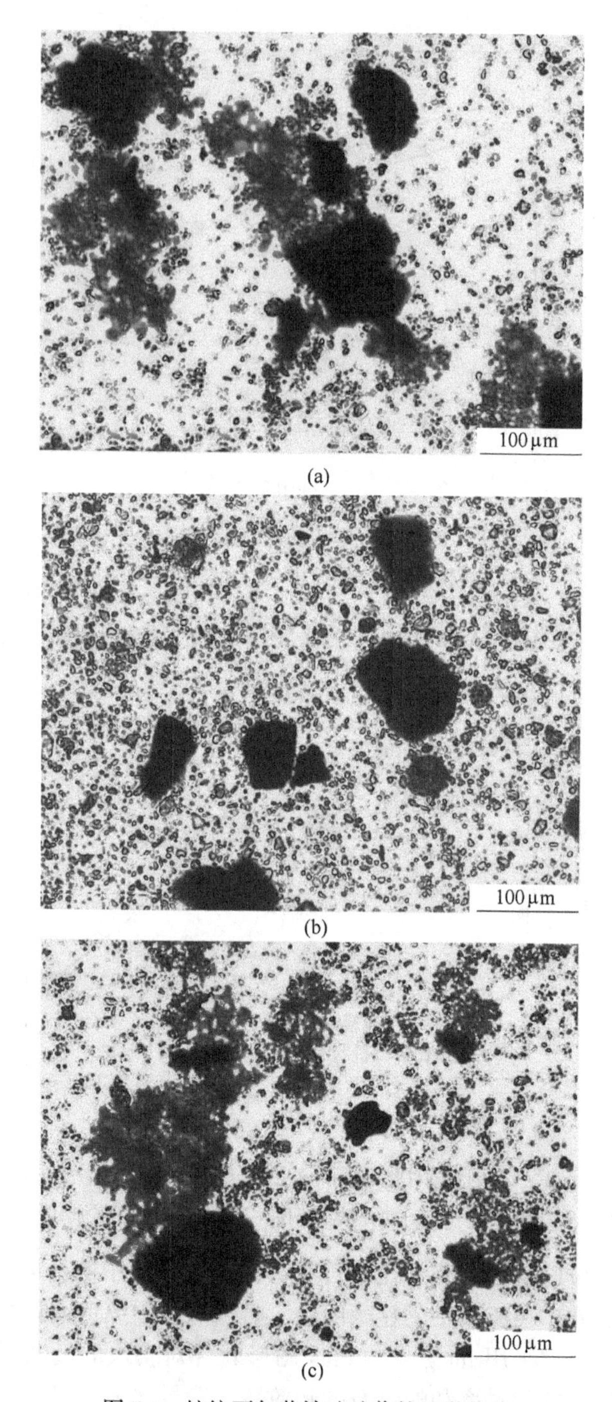

(a)

(b)

(c)

图 5-3 蛇纹石与黄铁矿矿浆的显微照片

(a) 黄铁矿+蛇纹石原矿；(b) 黄铁矿+脱镁蛇纹石；(c) 黄铁矿+脱镁蛇纹石+Mg^{2+}

(pH=9；蛇纹石用量：1g/L；黄铁矿用量：9g/L；脱镁盐酸用量：2×10^{-2}mol/L；添加 Mg^{2+}浓度：1×10^{-3}mol/L)

说明蛇纹石与黄铁矿的分散性越差，颗粒数越多表示分散性越好。表 5-1 为各试验条件下显微照片的背景率与蛇纹石颗粒数。

表 5-1 蛇纹石与黄铁矿显微照片的背景率与蛇纹石颗粒数

矿物样品	背景率/%	蛇纹石颗粒数/个
黄铁矿+蛇纹石原矿	62.32	592
黄铁矿+脱镁蛇纹石	53.47	1188
黄铁矿+脱镁蛇纹石+Mg^{2+}	58.15	841

从图 5-3 中可以看出，不脱镁之前，黄铁矿与蛇纹石颗粒间发生明显的异相凝聚；脱除蛇纹石表面的镁之后，黄铁矿与蛇纹石在矿浆中的分散性变好，颗粒间异相凝聚减弱；脱除蛇纹石表面的镁后再加入 Mg^{2+}，黄铁矿与蛇纹石颗粒间又重新聚集起来，矿浆的分散性变差。由表 5-1 可知，黄铁矿与蛇纹石原矿显微照片的背景率为 62.32%，蛇纹石颗粒数为 592 个；蛇纹石脱镁后，背景率降至 53.47%，蛇纹石颗粒数增加到 1188 个，矿物颗粒间分散性变好；蛇纹石脱镁后再加入 Mg^{2+}，背景率又恢复到 58.15%，蛇纹石颗粒数减少至 841 个，矿物颗粒间重新发生异相凝聚。

5.1.1.3 蛇纹石表面 Mg 的迁移对表面电性的调控机制

蛇纹石属于 TO 型层状硅酸盐矿物，结构单元层由镁氧八面体和硅氧四面体组成。蛇纹石解离暴露出晶体结构中的镁氧八面体层，在水溶液中蛇纹石镁氧八面体中的 OH^- 优先解离，表面暴露出剩余的镁，使蛇纹石表面荷正电。Mg^{2+} 是蛇纹石双电层的定位离子之一，脱除蛇纹石表面的镁离子可以降低双电层中定位离子的正电荷密度，从而降低蛇纹石的表面电位。图 5-4 所示为镁的迁移降低蛇纹石表面电性的示意图，镁离子从蛇纹石表面脱除，降低了蛇纹石双电层中定位离子的正电荷密度，进而降低了蛇纹石的表面电性；而溶液中的镁离子向蛇纹石表面反吸附，会重新增大双电层中定位离子的正电荷密度，进而提高蛇纹石的表面电性。因此，通过蛇纹石表面镁的迁移来调控蛇纹石的表面电性，一方面要使镁离子从蛇纹石表面转移到溶液中，另一方面阻止溶出的 Mg^{2+} 重新进入蛇纹石固液界面的双电层。

5.1.2 液相 Mg 的存在形式对蛇纹石表面电性的影响

由于溶液中的镁离子能通过反吸附进入蛇纹石的双电层，重新增大蛇纹石表面的 Zeta 电位，因此降低蛇纹石的表面电性，必须阻止液相中的 Mg^{2+} 重新进入蛇纹石双电层中。在实际浮选体系中，通过固液分离的方式脱除溶液中的 Mg^{2+} 可行性较差，而添加离子络合剂使 Mg^{2+} 生成稳定的可溶性配合物是一种有效的

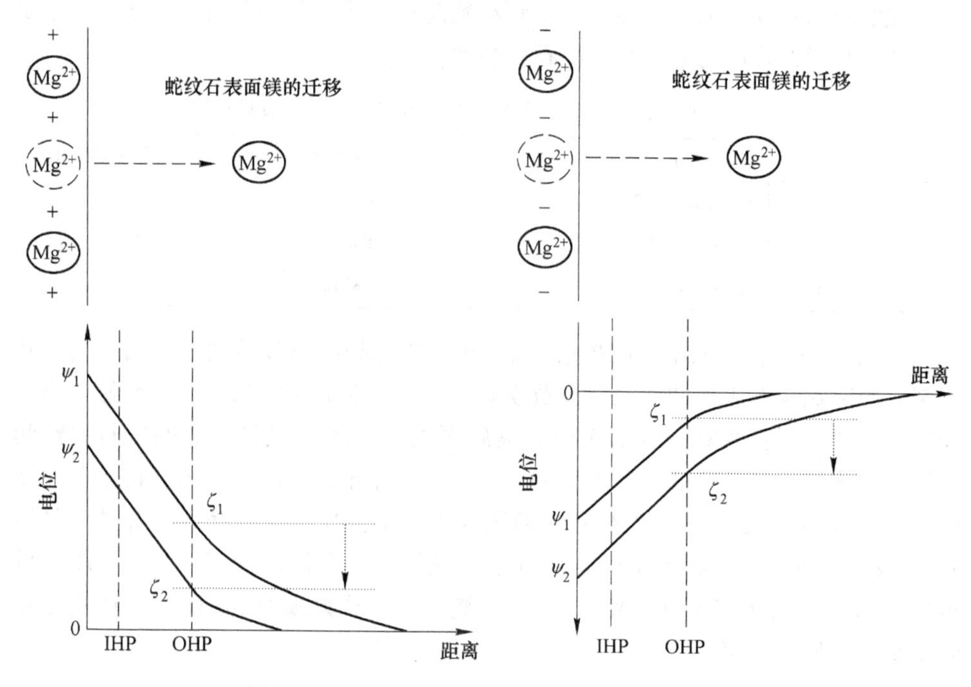

图 5-4 镁的迁移降低蛇纹石表面电性的示意图

调控手段。本书采用链状聚合磷酸盐作为镁离子的络合剂，以消除溶液中的 Mg^{2+}对蛇纹石表面电性的影响。

六偏磷酸钠是一种可见的链状聚合磷酸盐，在水溶液中易水解生成不同链长的聚合磷酸盐。链状聚合磷酸盐的水解主要发生在磷酸盐末端单元处[151]，水解反应方程式如式（5-1）所示。聚合磷酸盐阴离子对 Ca^{2+}、Mg^{2+}等金属离子具有较强的络合能力，从而与这些金属离子作用生成可溶性的稳定配合物[152]。部分聚合磷酸盐对 Ca^{2+}、Mg^{2+}离子的络合能力如表 5-2 所示[48]。由此，蛇纹石表面的镁向液相发生迁移，并使液相中的 Mg^{2+}生成可溶性配合物，实现了蛇纹石表面镁的定向迁移，调控并保持了蛇纹石表面的负电性。

$$H—(PO_3H)_n—OH + H_2O \rightarrow H—(PO_3H)_m—OH + H—(PO_3H)_{n-m}—OH \tag{5-1}$$

表 5-2 聚合磷酸盐对钙、镁离子的络合能力 (mg/g)

金属离子	聚磷酸盐			
	焦磷酸钠	三聚磷酸钠	四聚磷酸钠	六偏磷酸钠
Ca^{2+}	47	134	185	195
Mg^{2+}	83	64	38	29

以三聚磷酸盐为例，其水溶液中的组分-pH 值图如图 5-5 所示，当 pH=9 时，溶液中的主要成分为 $P_3O_{10}^{5-}$和 $HP_3O_{10}^{4-}$，其络合镁离子的反应方程式如式（5-2）和式（5-3）所示[153]。

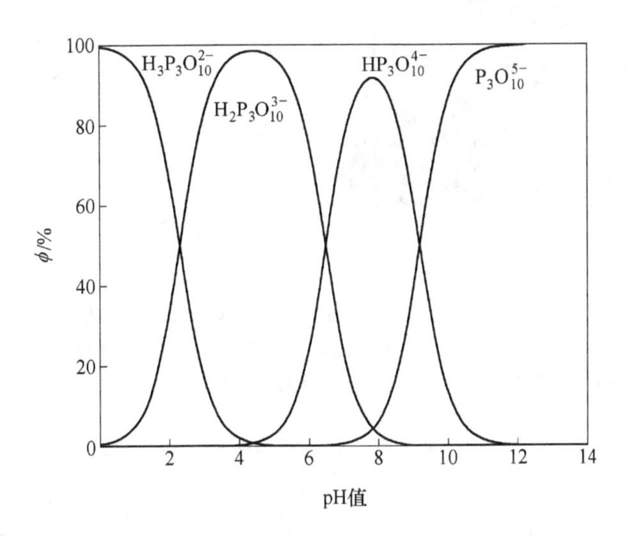

图 5-5　三聚磷酸钠在水溶液中的组分-pH 值图

$$Mg^{2+} + P_3O_{10}^{5-} \longrightarrow (MgP_3O_{10})^{3-} \tag{5-2}$$

$$Mg^{2+} + HP_3O_{10}^{4-} \longrightarrow (MgHP_3O_{10})^{2-} \tag{5-3}$$

在添加链状聚合磷酸盐的矿浆中，当蛇纹石表面的 Mg^{2+}溶解进入溶液，会与溶液中的链状磷酸盐生成可溶性配合物，从而破坏镁的溶解平衡，促使蛇纹石表面的镁进一步溶解。由于镁离子是蛇纹石固液界面扩散双电层中的定位离子之一，镁的溶出会进一步降低蛇纹石的 Zeta 电位。当添加 50mg/L 六偏磷酸钠之后，蛇纹石表面镁的溶出量从 0.24mg/g 增加到 3.2mg/g。

链状聚合磷酸盐降低蛇纹石表面电位的调控作用包括三个方面的因素：一方面，通过对蛇纹石表面镁的助溶作用，使 Mg^{2+}从固相迁移到液相，降低蛇纹石的表面电位；另一方面，聚合磷酸盐络合溶液中的 Mg^{2+}离子，生成为稳定的可溶性聚合磷酸盐，阻止 Mg^{2+}在蛇纹石表面的反吸附，保持了蛇纹石表面电位的负电性；同时聚合磷酸盐阴离子吸附在蛇纹石表面，进一步降低其表面电位。

图 5-6 所示为六偏磷酸钠在蛇纹石表面作用后，蛇纹石与黄铁矿在矿浆中的显微照片，表 5-3 所示为显微照片的背景率和蛇纹石颗粒数。由图 5-6 和表 5-3 可知，六偏磷酸钠能消除颗粒间的异相凝聚，实现黄铁矿与蛇纹石的良好分散。

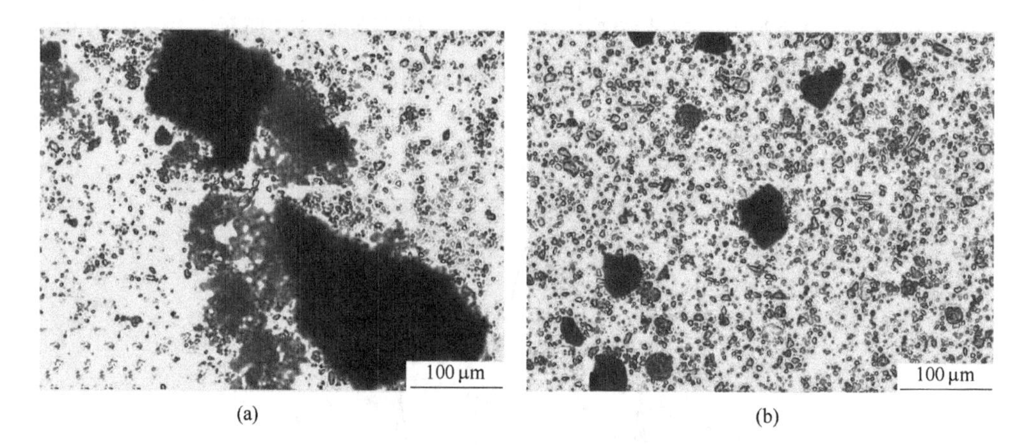

(a)　　(b)

图 5-6　六偏磷酸钠调控前后黄铁矿与蛇纹石矿浆的显微照片

(a) 黄铁矿+蛇纹石；(b) 黄铁矿+蛇纹石+六偏磷酸钠

(pH=9；六偏磷酸钠用量：100mg/L；蛇纹石用量：1g/L；黄铁矿用量：9g/L)

表 5-3　显微照片的背景率与蛇纹石颗粒数

矿物样品	背景率/%	蛇纹石颗粒数/个
黄铁矿+蛇纹石	60.80	637
黄铁矿+蛇纹石+六偏磷酸钠	53.15	1147

5.1.3　阴离子吸附对蛇纹石表面电性调控的强化

蛇纹石表面Mg的迁移可以实现其表面电性的有效调控，消除蛇纹石与其他矿物颗粒间的异相凝聚。在此基础上，阴离子调整剂在蛇纹石表面的吸附进一步降低其表面电位，强化蛇纹石表面电性的调控。

5.1.3.1　磷酸盐对脱镁蛇纹石Zeta电位的影响

图5-7所示为不同pH值条件下磷酸盐对蛇纹石Zeta电位的影响。从图中可知，磷酸三钠对蛇纹石的Zeta电位影响不大，六偏磷酸钠和三偏磷酸钠均能显著降低蛇纹石的Zeta电位，其中六偏磷酸钠对Zeta电位的影响更显著。

图5-8所示为磷酸三钠、六偏磷酸钠和三偏磷酸钠三种磷酸盐用量对脱镁蛇纹石Zeta电位的影响。从图中可知，随着磷酸盐用量增大，蛇纹石Zeta电位逐渐降低，最后慢慢趋于稳定。三种磷酸盐降低蛇纹石Zeta电位的能力大小顺序为：六偏磷酸钠>三偏磷酸钠>磷酸三钠。

5.1.3.2　含硅调整剂对脱镁蛇纹石Zeta电位的影响

图5-9所示为不同pH值条件下含硅调整剂对脱镁蛇纹石Zeta电位的影响。

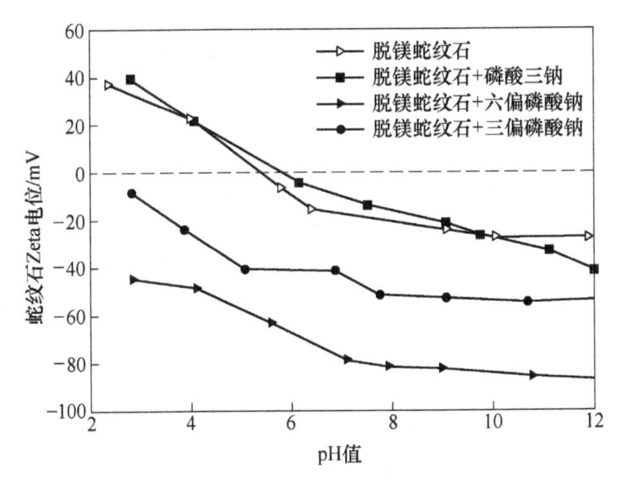

图 5-7 不同 pH 值条件下磷酸盐对脱镁蛇纹石 Zeta 电位的影响

（磷酸盐调整剂用量：50mg/L；蛇纹石用量：0.6g/L；脱镁盐酸用量：2×10^{-2}mol/L）

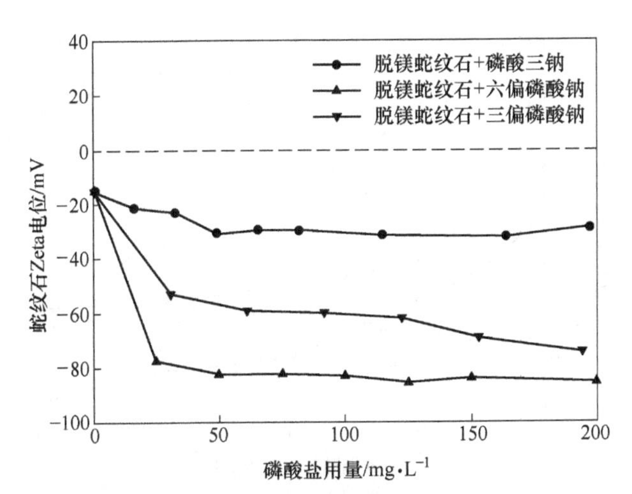

图 5-8 磷酸盐用量对蛇纹石 Zeta 电位的影响

（pH=9；蛇纹石用量：0.6g/L；脱镁盐酸用量：2×10^{-2}mol/L）

从图中可知，加入 50mg/L 水玻璃后蛇纹石的 Zeta 电位有所下降，加入 50mg/L 氟硅酸钠后蛇纹石的 Zeta 电位略有降低。

图 5-10 所示为含硅调整剂用量对脱镁蛇纹石 Zeta 电位的影响。从图中可知，随着调整剂用量的增大，蛇纹石 Zeta 电位逐渐降低。水玻璃降低 Zeta 电位的能力比氟硅酸钠强。

5.1.3.3 阴离子调整剂在蛇纹石表面的吸附

研究了磷酸盐、水玻璃作用前后蛇纹石的红外光谱。图 5-11～图 5-14 所示为

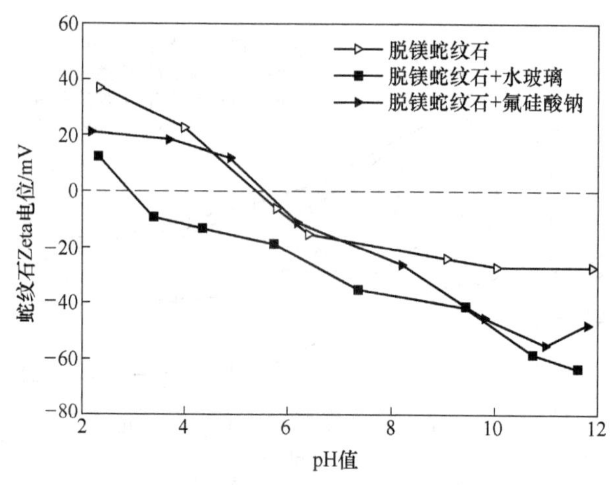

图 5-9 不同 pH 值条件下含硅调整剂对蛇纹石 Zeta 电位的影响

（含硅调整剂用量：50mg/L；蛇纹石用量：0.6g/L；脱镁盐酸用量：2×10^{-2}mol/L）

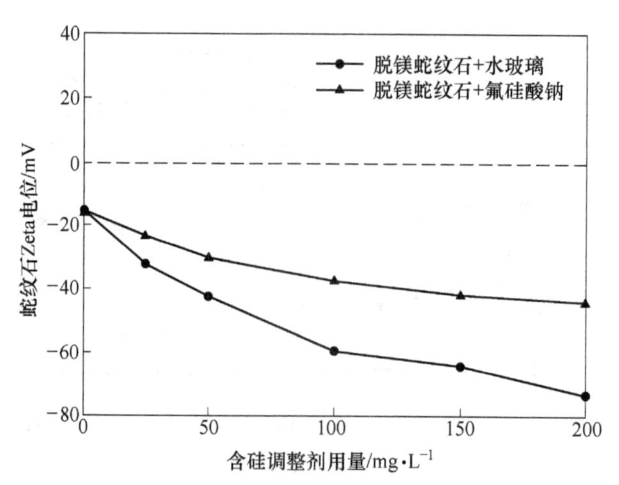

图 5-10 含硅调整剂用量对蛇纹石 Zeta 电位的影响

（pH=9；蛇纹石用量：0.6g/L；脱镁盐酸用量：2×10^{-2}mol/L）

阴离子调整剂作用前后蛇纹石的红外光谱图。在蛇纹石的红外谱图中，3686.0cm^{-1}处吸附峰对应蛇纹石镁氧八面体中外羟基伸缩振动峰[156]，975.8cm^{-1}处宽而强的吸附峰为硅氧四面体中 Si-O 伸缩振动峰[157]，612.3cm^{-1}处为 O—H 面外弯曲振动峰，557.3cm^{-1}处特征峰为 Mg—O 外弯曲振动，451.1cm^{-1}处为 Si—O 弯曲振动、Si—O—Mg、Mg—O 振动和 OH 平动耦合产生[158]。

在磷酸三钠的红外光谱图中，1009.7cm^{-1}处对应 PO_3 中 P—O 的不对称伸缩振动峰，551.6cm^{-1}处对应 P—O 的弯曲振动峰；六偏磷酸钠的红外光谱图中，1279.9cm^{-1}、1096.8cm^{-1}和 875cm^{-1}对应 P—O 伸缩振动峰，P—O 弯曲振动峰位

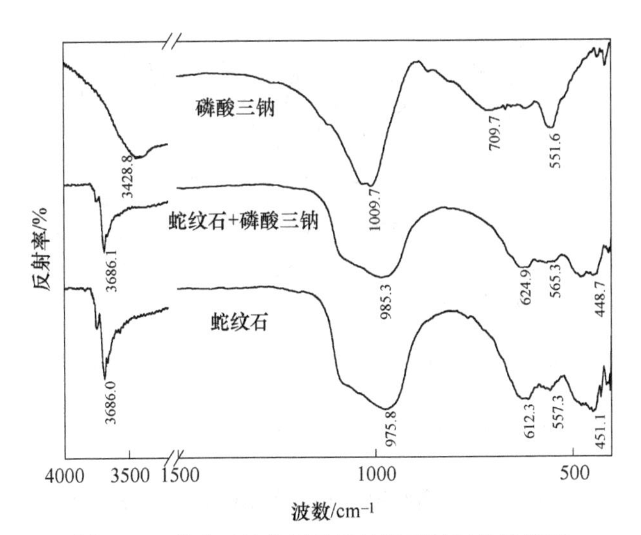

图 5-11 磷酸三钠作用前后蛇纹石的红外光谱图

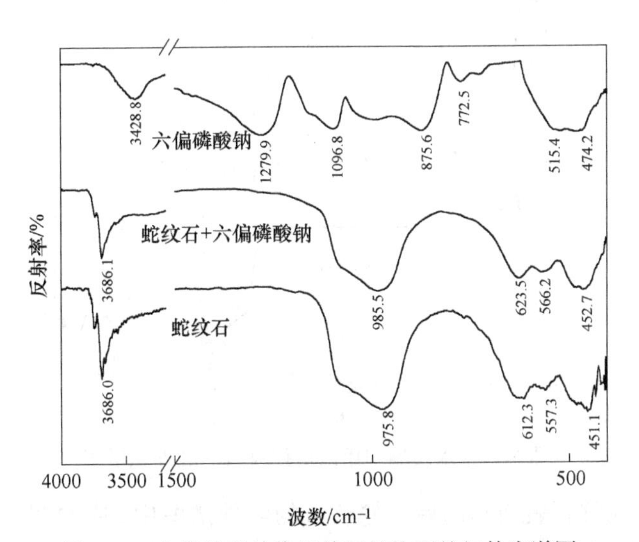

图 5-12 六偏磷酸钠作用前后蛇纹石的红外光谱图

于 515.4cm^{-1}[159]；三偏磷酸钠的红外光谱图中，1297.0cm^{-1}、1102.4cm^{-1} 和 997.9cm^{-1}对应 P—O 伸缩振动峰，P—O 弯曲振动峰位于 519.2cm^{-1}。水玻璃的红外谱图中，3441.1cm^{-1}是 O—H 伸缩振动峰，1013cm^{-1}为水玻璃的 Si—O 伸缩振动吸收峰，1650.1cm^{-1}处为结晶水的吸收峰[160]。

磷酸三钠、六偏磷酸钠和三偏磷酸钠这三种磷酸盐分别与蛇纹石作用后，蛇纹石多处 Mg—O 特征峰均发生偏移，说明磷酸盐在蛇纹石表面发生了吸附。但蛇纹石表面并没有出现磷酸盐中 P—O 的特征吸收峰，表明磷酸盐在蛇纹石表面的吸附量并不大。

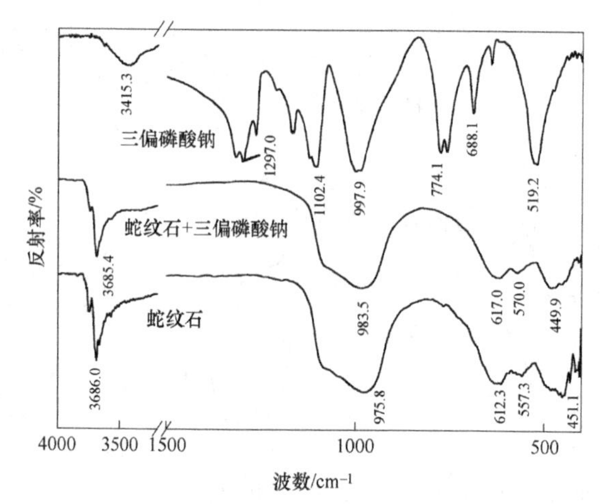

图 5-13　三偏磷酸钠作用前后蛇纹石的红外光谱图

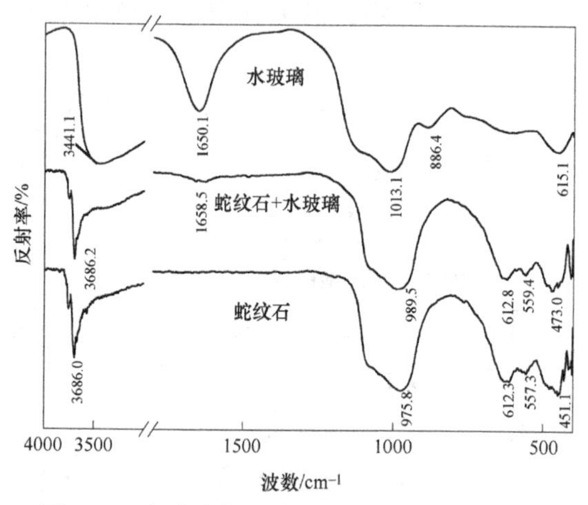

图 5-14　水玻璃作用前后蛇纹石的红外光谱图

水玻璃在蛇纹石表面作用后，蛇纹石的红外谱图中 Si—O 特征峰出现偏移，975.8cm^{-1}处伸缩振动峰移至 989.5cm^{-1}，451.1cm^{-1}处弯曲振动峰偏移到 473.0cm^{-1}，可知水玻璃在蛇纹石表面发生了吸附。

5.1.3.4　阴离子调整剂对蛇纹石表面电性的调控机制

六偏磷酸钠和三偏磷酸钠等聚合磷酸盐在水溶液中易发生水解，生成聚合磷酸根阴离子；水玻璃在水溶液易水解，并进一步生成聚合硅酸根阴离子；氟硅酸盐在水溶液中易水解生成氟硅酸根阴离子。在矿浆中这些阴离子通过与蛇纹石表面的金属质点发生化学作用，吸附在蛇纹石表面，从而降低双电层中紧密面上的电位，进而使蛇纹石表面荷上负电。调控示意图如图 5-15 所示。

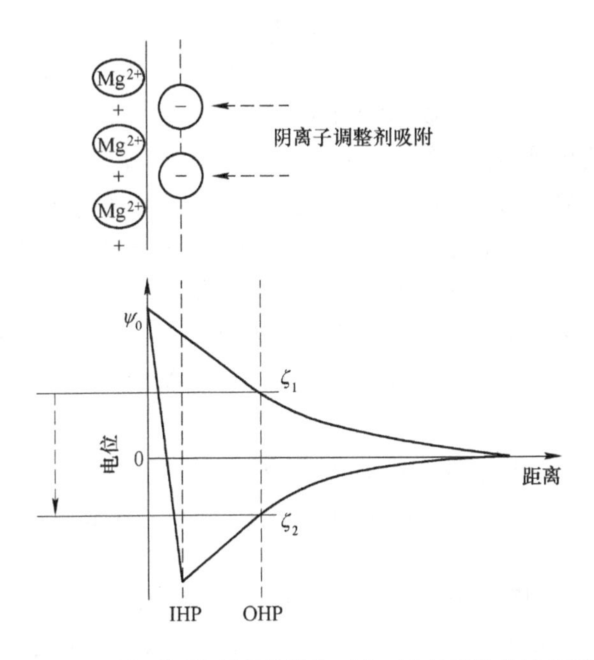

图 5-15 阴离子调整剂强化蛇纹石表面电性调控的示意图

5.2 表面电性调控对矿物颗粒间相互作用能的影响

根据经典 DLVO 理论，异相矿物水基悬浮体中颗粒间相互作用总势能 V_T 为[164,165]：

$$V_T = V_W + V_E \tag{5-4}$$

式中，V_W 为范德华作用能；V_E 为静电作用能。

球形颗粒间范德华作用能 V_W 的表达式为：

$$V_W = -\frac{A}{6H}\frac{R_1R_2}{R_1 + R_2} \tag{5-5}$$

$$A = (\sqrt{A_{11}} - \sqrt{A_{33}})(\sqrt{A_{22}} - \sqrt{A_{33}})$$

式中，A 为矿物 1 与矿物 2 在水介质中的有效 Hamaker 常数，A_{11} 为矿物 1 在真空中的 Hamaker 常数；A_{22} 为矿物 2 在真空中的 Hamaker 常数；A_{33} 为水在真空中的 Hamaker 常数，$A_{33} = 3.7\times10^{-20}$ J[164]；R_1 为矿物 1 球形粒子的半径，m；R_2 为矿物 2 球形粒子的半径，m；H 为矿物 1 与矿物 2 颗粒间的距离，m。

半径分别为 R_1 和 R_2 的异相颗粒间的静电作用能 V_E 的表达式为：

$$V_E = \frac{\pi\varepsilon_0\varepsilon_r R_1R_2}{R_1 + R_2}(\psi_1^2 + \psi_2^2)\cdot \left\{\frac{2\psi_1\psi_2}{(\psi_1^2 + \psi_2^2)}\cdot \ln\left[\frac{1 + \exp(-\kappa H)}{1 - \exp(-\kappa H)}\right] + \ln[1 - \exp(-2\kappa H)]\right\} \tag{5-6}$$

$$\kappa = \left(\frac{4e^2 N_A I}{\varepsilon_0 \varepsilon_r K_B T}\right)^{1/2}$$

$$\psi = \zeta(1 + x/R)\exp(\kappa x)$$

式中，ε_0 为真空中绝对介电常数，$\varepsilon_0 = 8.854 \times 10^{-12}$；$\varepsilon_r$ 为分散介质（水）的介电常数，$\varepsilon_r = 78.5 C^2 \cdot J^{-1} \cdot m^{-1}$；$\psi_1$ 与 ψ_2 分别为矿物 1 与矿物 2 颗粒的表面电位，V；ζ 为矿物固液界面 Zeta 电位，V；x 为带电矿粒表面到滑移面的距离，取 $x = 5 \times 10^{-10}$m；R 为矿物颗粒半径；κ^{-1} 为 Debye 长度，代表双电层厚度，m；e 为电子电荷，$e = 1.602 \times 10^{-19}$C；$N_A$ 为阿伏伽德罗常数，$N_A = 6.02 \times 10^{23}$；$I$ 为溶液的离子强度，取 $I = 1 \times 10^{-3}$mol/L；K_B 为波尔兹曼常数，$K_B = 1.38 \times 10^{-23}$J/K；$T$ 为热力学温度，取 $T = 298$K。

在蛇纹石与黄铁矿的水基悬浮液体系中，$A_{11} = 9.7 \times 10^{-20}$J[166]，$A_{22} = 1.2 \times 10^{-19}$J[167]，$R_1 = 3.09 \times 10^{-6}$m，$R_2 = 2.67 \times 10^{-5}$m。将数据代入式（5-4）~式（5-6）中，可得：

$$V_T = V_W + V_E = -8.45 \times 10^{-27}/H + 7.0 \times 10^{-21} \times \{(\zeta_1 + \zeta_2)^2 \cdot \ln[1 + \exp(-0.1467H)] + (\zeta_1 - \zeta_2)^2 \ln[1 - \exp(-0.1467H)]\} \quad (5\text{-}7)$$

式中，ζ 的单位为 mV，颗粒间距 H 的单位为 nm。

硫化铜镍矿浮选一般在弱碱性 pH 条件下进行，当 pH = 9 时：蛇纹石 $\zeta_1 = 9.58$mV，黄铁矿 $\zeta_2 = -44$mV；脱镁后蛇纹石 $\zeta_1 = -24.2$mV，黄铁矿 $\zeta_2 = -44$mV；添加六偏磷酸钠后，蛇纹石 $\zeta_1 = -59.7$mV，黄铁矿 $\zeta_2 = -65$mV。

根据式（5-7），可以得到蛇纹石与黄铁矿在水介质中颗粒间相互作用总势能与颗粒间距的关系，如图 5-16 所示。

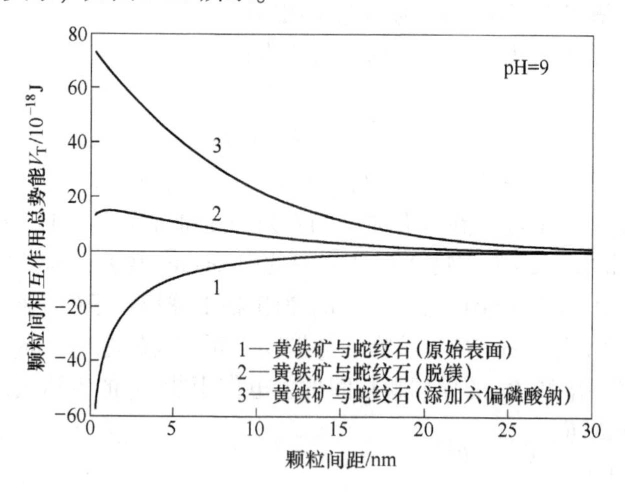

图 5-16　蛇纹石与黄铁矿在水介质中颗粒间相互作用总势能与颗粒间距的关系

从图 5-16 中可以看出，当 pH=9 时，蛇纹石与黄铁矿颗粒间相互作用能为负值，颗粒间作用力表现为相互吸引，随着颗粒间距的减小，吸引力逐渐增大，颗粒间易发生异相凝聚。对蛇纹石表面进行脱镁处理后，蛇纹石与黄铁矿之间的相互作用能变为正值，颗粒间作用力表现为相互排斥，蛇纹石与黄铁矿颗粒间的分散性变好。当添加六偏磷酸钠之后，蛇纹石与黄铁矿之间的相互作用能为正值，颗粒间作用力表现为相互排斥，此时的排斥能比蛇纹石脱镁后颗粒间的排斥能更大，蛇纹石与黄铁矿在体系中能保持较好的分散状态。

在蛇纹石与滑石的水基悬浮液体系中，$A_{11}=9.7\times10^{-20}$ J[166]，$A_{22}=1.29\times10^{-19}$ J[53]，$R_1=3.09\times10^{-6}$ m，$R_2=5.37\times10^{-6}$ m。将数据代入式（5-4）~式(5-6)中，可得：

$$V_T=V_W+V_E=-6.49\times10^{-27}/H+4.96\times10^{-21}\times\{(\zeta_1+\zeta_2)^2\cdot\ln[1+\exp(-0.1467H)]+(\zeta_1-\zeta_2)^2\ln[1-\exp(-0.1467H)]\} \quad (5\text{-}8)$$

式中，ζ 的单位为 mV，颗粒间距 H 的单位为 nm。

当 pH=9 时：蛇纹石 $\zeta_1=9.58$mV，滑石 $\zeta_2=-47$mV；脱镁后蛇纹石 $\zeta_1=-24.2$mV，滑石 $\zeta_2=-47$mV；添加六偏磷酸钠后，蛇纹石 $\zeta_1=-59.7$mV，滑石$\zeta_2=-53$mV。

根据式（5-8），可以得到蛇纹石与滑石在水介质中颗粒间相互作用总势能与颗粒间距的关系，如图 5-17 所示。

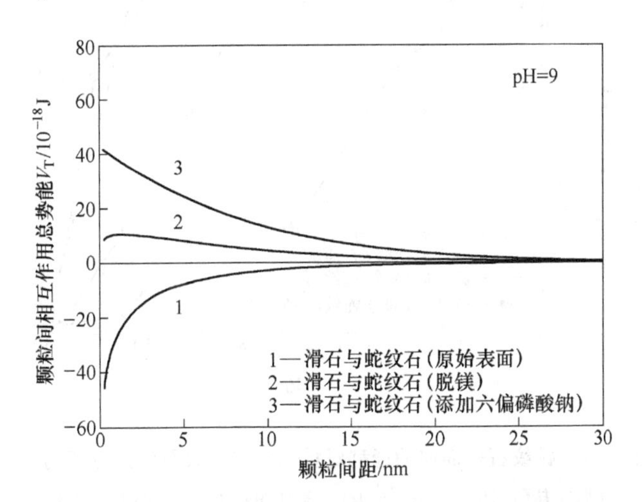

图 5-17 蛇纹石与滑石在水介质中颗粒间相互作用总势能与颗粒间距的关系

从图 5-17 中可以看出，当 pH=9 时，蛇纹石与滑石颗粒间相互作用能为负值，颗粒间作用力表现为相互吸引，随着颗粒间距的减小，吸引力逐渐增大，颗粒间易发生异相凝聚。对蛇纹石表面进行脱镁处理后，蛇纹石与滑石之间的相互作用能变为正值，颗粒间作用力表现为相互排斥，蛇纹石与滑石颗粒间的分散性变好。当添加六偏磷酸钠之后，蛇纹石与滑石之间的相互作用能为正值，颗粒间作用力表现为相互排斥，此时的排斥能比蛇纹石脱镁后颗粒间的排斥能更大，蛇纹石与滑石在体系中能保持较好的分散状态。

5.3　蛇纹石表面电性调控对多矿相矿物浮选的影响

本节通过人工混合矿浮选试验，考察了蛇纹石表面电性调控对黄铁矿与蛇纹石浮选分离的影响，以及在蛇纹石与滑石混合体系中对滑石抑制的影响。

5.3.1　表面电性调控对黄铁矿与蛇纹石浮选分离的影响

通过人工混合矿浮选试验考察了蛇纹石表面镁的迁移对黄铁矿与蛇纹石浮选分离的影响。图 5-18 所示为蛇纹石表面镁的迁移对人工混合矿浮选的影响。由图可知，黄铁矿单矿物在 pH<10 的条件下可浮性很好，浮选回收率能达到 90% 以上；蛇纹石的加入显著降低黄铁矿的浮选回收率。对蛇纹石进行脱镁处理后，人工混合矿中黄铁矿的浮选回收率升高，黄铁矿的可浮性得到恢复。对蛇纹石进行脱镁处理后再加入 Mg^{2+}，人工混合矿中黄铁矿的浮选回收率在 pH>8 之后迅速降低，黄铁矿的可浮性重新受到了蛇纹石的影响。

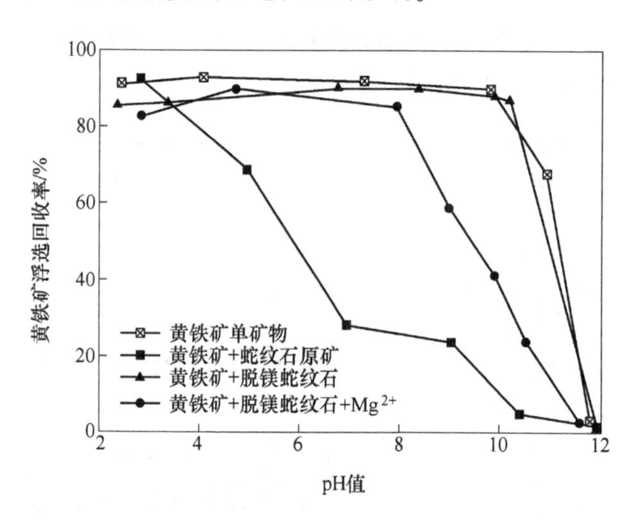

图 5-18　蛇纹石表面镁的迁移对黄铁矿与蛇纹石浮选分离的影响

（脱镁盐酸用量：2×10^{-2} mol/L；添加 Mg^{2+} 浓度：1×10^{-3} mol/L；人工混合矿（蛇纹石：黄铁矿＝1：9）用量：2g）

由于链状聚合磷酸钠能显著降低蛇纹石的表面电性，因此考察了焦磷酸钠、三聚磷酸钠和六偏磷酸钠三种链状聚合磷酸盐对蛇纹石与黄铁矿浮选分离的影响。图 5-19 所示为不同 pH 值条件下链状聚合磷酸盐对人工混合矿浮选的影响。

由图可知，三种聚合磷酸盐均能提高混合矿中黄铁矿的浮选回收率，基本恢复了黄铁矿的可浮性，消除了蛇纹石对黄铁矿浮选的影响。

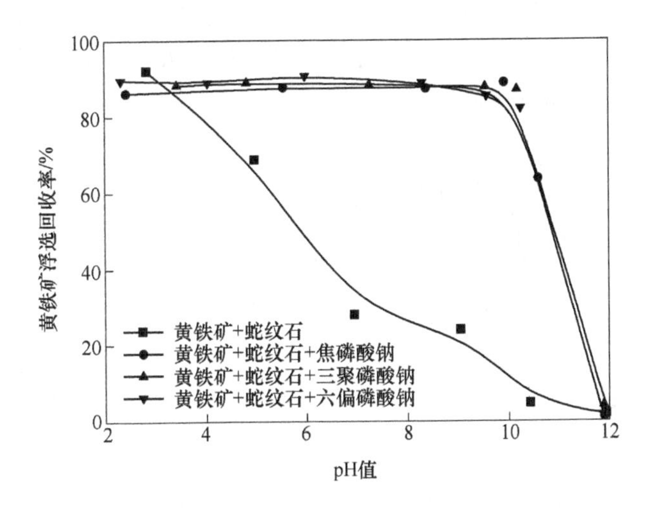

图 5-19 不同 pH 值条件下聚合磷酸盐对人工混合矿浮选的影响

（聚合磷酸盐用量：50mg/L；人工混合矿（蛇纹石：黄铁矿=1：9）用量：2g）

图 5-20 所示为 pH=9 时，焦磷酸钠、三聚磷酸钠和六偏磷酸钠三种磷酸盐药剂用量对人工混合矿浮选的影响。随着磷酸盐用量的增加，黄铁矿的浮选回收率迅速上升，当磷酸盐用量达到 30mg/L 时，黄铁矿浮选回收率恢复到 85%以上，基本消除了蛇纹石对黄铁矿可浮性的影响。

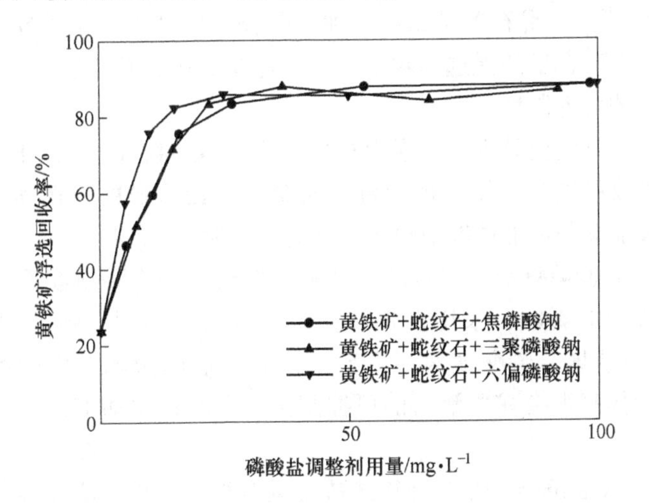

图 5-20 聚合磷酸盐用量对人工混合矿浮选的影响

（pH=9；人工混合矿（蛇纹石：黄铁矿=1：9）用量：2g）

5.3.2　表面电性调控对多矿相矿物体系中滑石浮选抑制的影响

通过滑石与蛇纹石人工混合矿浮选试验，考察了蛇纹石表面镁的迁移对滑石抑制的影响。图 5-21 所示为蛇纹石表面镁的迁移对人工混合矿浮选的影响，采用古尔胶作为滑石的抑制剂。

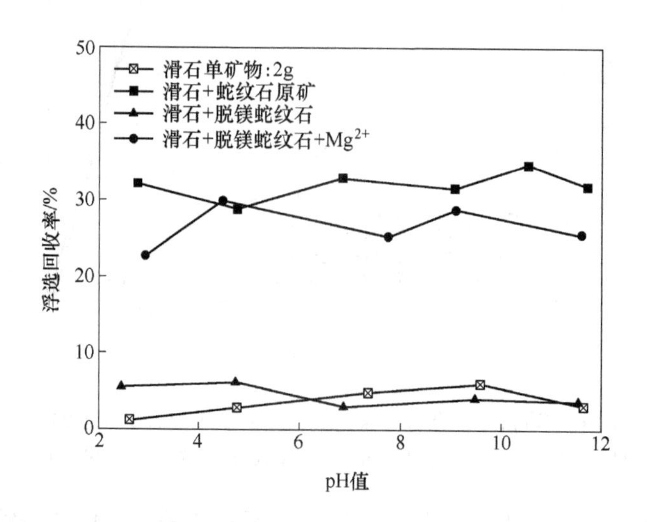

图 5-21　蛇纹石表面镁的迁移对混合矿中滑石抑制的影响

（脱镁盐酸用量：2×10^{-2}mol/L；添加 Mg^{2+}浓度：1×10^{-3}mol/L；古尔胶用量：10mg/L；人工混合矿（蛇纹石：滑石 = 1：1）用量：2g）

由图 5-21 可知，滑石单矿物在添加古尔胶的条件下几乎被完全抑制。蛇纹石的加入增大了混合矿的浮选回收率，由于蛇纹石基本不可浮，可知蛇纹石的加入降低了滑石的可抑制性。

对蛇纹石进行脱镁处理后，混合矿的浮选回收率降至 5%以下，滑石得到完全抑制。对蛇纹石进行脱镁处理后再加入 Mg^{2+}，混合矿的浮选回收率又重新增大，滑石在添加抑制剂的情况下也不能被完全抑制。

本书考察了焦磷酸钠、三聚磷酸钠和六偏磷酸钠三种链状聚合磷酸盐对混合矿中滑石抑制的影响，采用古尔胶作为滑石的抑制剂。图 5-22 所示为不同 pH 值条件下链状聚合磷酸盐对混合矿中滑石抑制的影响。由图可知，三种聚合磷酸盐均能提高混合矿中滑石的可抑制性，滑石在添加抑制剂的情况下基本不可浮。

图 5-23 所示为 pH = 9 时聚合磷酸盐用量对混合矿中滑石抑制的影响，采用古尔胶作为滑石的抑制剂。随着聚合磷酸盐用量的增加，混合矿的浮选回收率迅速降低，直至滑石被完全抑制。

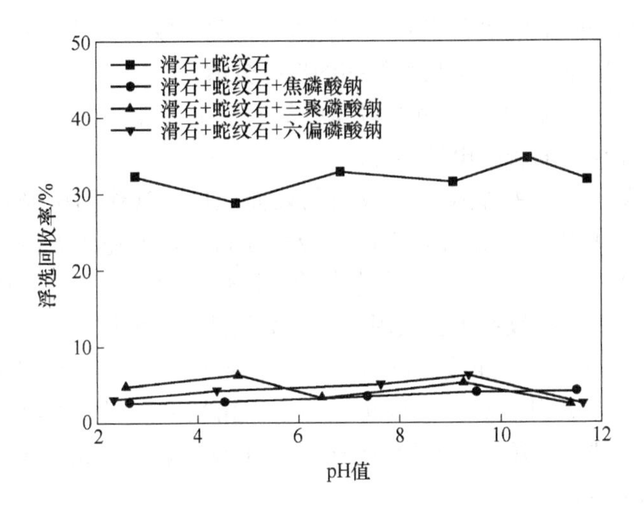

图 5-22 不同 pH 值条件下聚合磷酸盐对混合矿中滑石抑制的影响
（聚合磷酸盐用量：50mg/L；古尔胶用量：10mg/L；人工混合矿（蛇纹石∶滑石=1∶1）用量：2g）

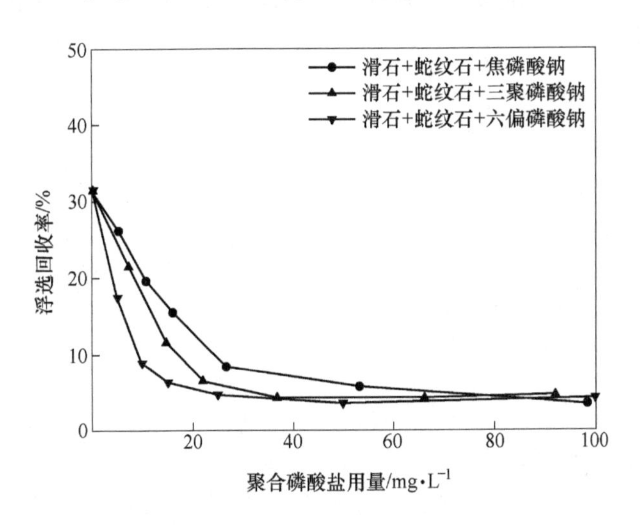

图 5-23 聚合磷酸盐用量对混合矿中滑石抑制的影响
（pH=9；古尔胶用量：10mg/L；人工混合矿（蛇纹石∶滑石=1∶1）用量：2g）

5.4 本章小结

本章采用 Zeta 电位测试、显微镜下观测、红外光谱分析、溶解性检测、溶液化学计算和颗粒间相互作用能计算等分析测试手段，通过沉降试验和浮选试验，重点研究了蛇纹石表面镁向液相迁移对其表面电性的影响及机理，并研究了蛇纹石表面电性调控对矿物浮选的影响，得到以下结论：

（1）强化蛇纹石表面的镁向液相迁移，能够降低双电层中定位离子 Mg^{2+} 的正电荷密度，从而降低蛇纹石表面电位，进而消除蛇纹石与黄铁矿、蛇纹石与滑石矿物间的异相凝聚，实现矿物颗粒间的良好分散。

（2）磷酸盐和水玻璃能通过在脱镁蛇纹石表面发生吸附，进一步降低其表面电位，强化蛇纹石的表面电性调控。

（3）链状聚合磷酸盐能降低蛇纹石的表面电位，其作用机制主要包括三个方面：一方面强化 Mg^{2+} 从蛇纹石表面向液相迁移，降低蛇纹石的表面电位；另一方面与液相中的 Mg^{2+} 作用生成为稳定的可溶性络合物，保持了蛇纹石表面的负电性；同时通过在蛇纹石表面吸附进一步降低其表面电位。

（4）在自然条件下，蛇纹石与黄铁矿、蛇纹石与滑石在水溶液中的界面相互作用表现为相互吸引，矿物颗粒间易发生异相凝聚；调控蛇纹石的表面电性后，蛇纹石与黄铁矿、蛇纹石与滑石颗粒间界面作用表现为相互排斥，矿物颗粒分散在溶液体系中。

（5）调控蛇纹石的表面电性后，矿物颗粒间分散性变好，黄铁矿与蛇纹石人工混合矿能够有效浮选分离，在蛇纹石与滑石混合矿的浮选体系中，滑石能够实现高效抑制。

6 固液界面浮选剂的分子间组装

硫化铜镍矿中广泛存在滑石、绿泥石等疏水性好的脉石矿物，在浮选中主要通过对滑石和绿泥石的抑制来实现目的矿物与脉石矿物的浮选分离。本章针对层状镁硅酸盐矿物滑石，通过矿物/水固液界面浮选剂的分子间组装实现滑石的选择性抑制，优化硫化矿与硅酸盐矿物的浮选分离。

6.1 高分子抑制剂对滑石与硫化矿可浮性的影响及机制

6.1.1 高分子抑制剂对滑石浮选的抑制作用

6.1.1.1 羧甲基纤维素对滑石浮选的抑制作用

羧甲基纤维素（CMC）是一种常用的滑石抑制剂，图 6-1 为不同 pH 值条件下 CMC 对滑石可浮性的影响。如图所示，CMC 对滑石可浮性的抑制效果较好。随着 pH 值升高，滑石的浮选回收率呈上升趋势，CMC 对滑石的抑制作用逐渐减弱，可见酸性 pH 条件更有利于 CMC 对滑石的抑制。在酸性 pH 条件下滑石表面的电荷密度较低，CMC 与滑石之间的静电斥力较弱，有利于 CMC 在滑石矿物表面的吸附。

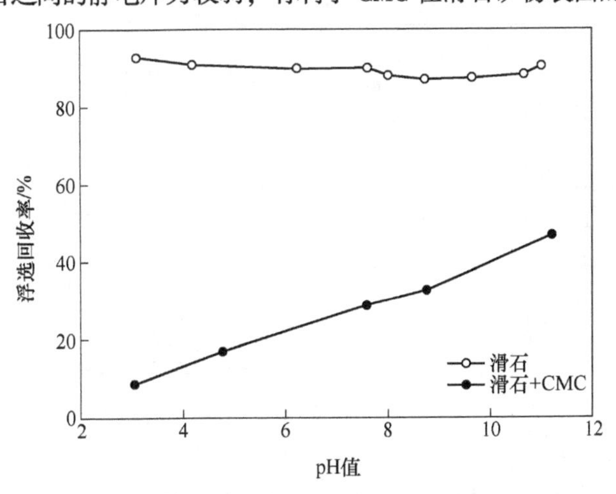

图 6-1 不同 pH 值条件下 CMC 对滑石可浮性的影响

（CMC 用量：100mg/L；MIBC 用量：10mg/L；滑石用量：2g）

图 6-2 所示为 pH=9 时 CMC 用量对滑石浮选的影响。由图可知，随着 CMC 用量增加，滑石回收率迅速下降，滑石的浮选得到较好的抑制。

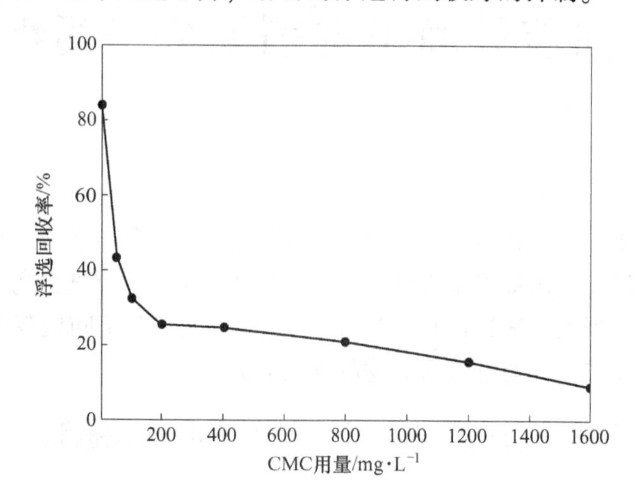

图 6-2　CMC 用量对滑石可浮性的影响

（pH=9；MIBC 用量：10mg/L；滑石用量：2g）

6.1.1.2　古尔胶对滑石浮选的抑制作用

古尔胶是一种高效的滑石抑制剂，图 6-3 为不同 pH 值下古尔胶对滑石可浮性的影响。如图所示，添加 12.5mg/L 古尔胶后，滑石的浮选回收率由 90%下降至 50%，滑石的可浮性显著降低。从图中还可以看出，与 CMC 相比，古尔胶对滑石的抑制作用不受 pH 的影响。

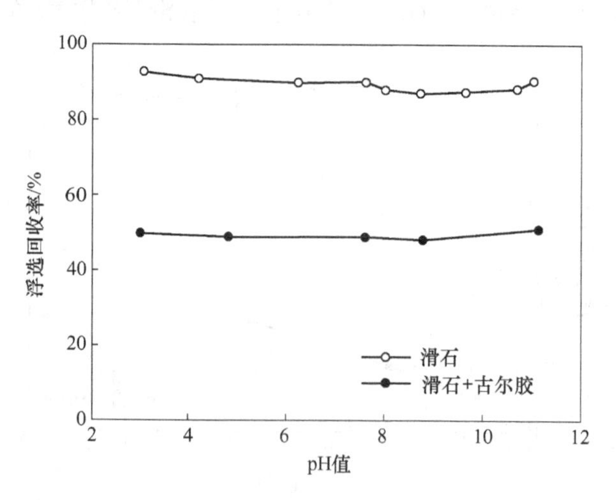

图 6-3　不同 pH 值下古尔胶对滑石可浮性的影响

（古尔胶用量：12.5mg/L；MIBC 用量：10mg/L；滑石用量：2g）

图 6-4 是 pH = 9 时古尔胶用量对滑石浮选的影响。随着古尔胶用量增加，滑石回收率迅速下降，古尔胶用量 50mg/L 时，滑石回收率仅为 5%，此时滑石的浮选得到完全抑制。与 CMC 相比，古尔胶对滑石的抑制效果更好。古尔胶分子具有支链结构，在滑石表面吸附后古尔胶分子带有伸向水相的环状结构和尾部，这部分延伸结构能够对滑石向气泡附着起到强烈的屏蔽作用，从而强化了滑石的抑制。

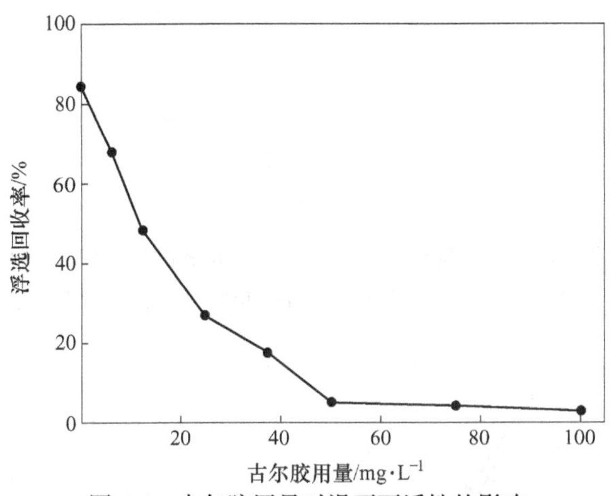

图 6-4 古尔胶用量对滑石可浮性的影响
（pH = 9；MIBC 用量：10mg/L；滑石用量：2g）

6.1.2 高分子抑制剂对硫化矿可浮性的影响

高分子抑制剂 CMC 和古尔胶不仅对滑石有较强的抑制能力，对硫化矿的浮选也有一定的抑制作用。本节选择黄铁矿和复合硫化矿（由镍黄铁矿、黄铜矿和黄铁矿组成）作为硫化矿的代表，研究有机抑制剂对其可浮性的影响。

图 6-5 所示为 CMC 分别对黄铁矿与复合硫化矿可浮性的影响。由图可知，随着 CMC 用量增加，黄铁矿和复合硫化矿都受到了一定的抑制。

图 6-6 是古尔胶分别对黄铁矿与复合硫化矿可浮性的影响。由图可知，随着古尔胶用量增加，黄铁矿和复合硫化矿都受到了较强的抑制。在相同药剂用量条件下，古尔胶对硫化矿的抑制作用比 CMC 的强。

6.1.3 高分子抑制剂对矿物浮选的抑制作用机理

6.1.3.1 高分子抑制剂对矿物表面润湿性的影响

图 6-7 所示为不同 pH 值条件下 CMC 对滑石层面和端面润湿性的影响。由图可知，pH 对滑石的天然润湿性没有明显的影响，层面接触角约为 70°，端面接触

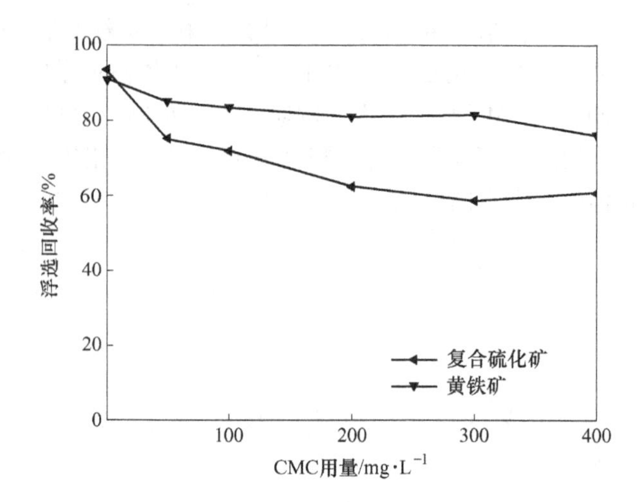

图 6-5　CMC 用量对黄铁矿与复合硫化矿可浮性的影响

（pH=9；PAX 用量：1×10^{-4}mol/L；MIBC 用量：10mg/L；矿物用量：2g）

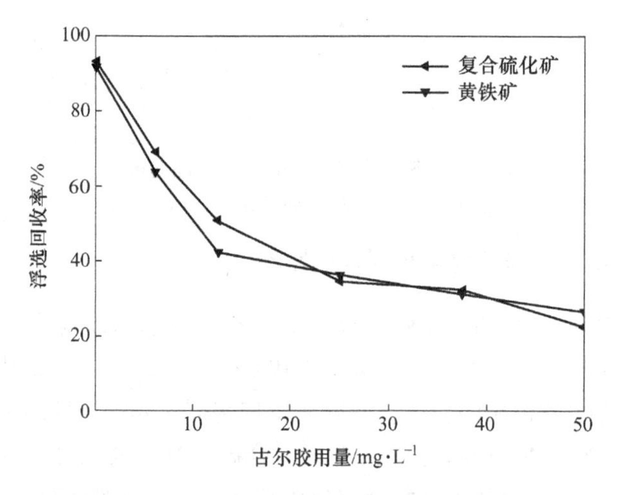

图 6-6　古尔胶用量对黄铁矿浮选的影响

（pH=9；PAX 用量：1×10^{-4}mol/L；MIBC 用量：10mg/L；矿物用量：2g）

角约为 60°，可知滑石天然表面属于疏水性表面。由图 6-7 可知，CMC 能降低滑石层面和端面的润湿接触角，使其疏水性降低，亲水性得到增大。与 CMC 作用后，滑石在酸性 pH 条件下的亲水性比碱性 pH 条件下强。图 6-8 所示为 pH=9 时 CMC 用量对滑石表面润湿性的影响。随着 CMC 用量增大，滑石的接触角逐渐变小，滑石表面亲水性增强。

图 6-9 所示为不同 pH 值条件下古尔胶对滑石表面润湿性的影响。添加古尔胶后，滑石接触角变小，亲水性变好。图 6-10 所示为 pH=9 时古尔胶用量对滑石表面润湿性的影响。随着古尔胶用量增加，滑石的润湿接触角逐渐变小，亲水

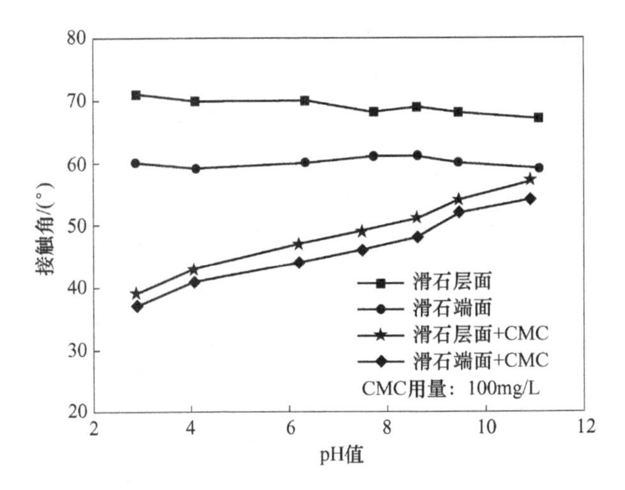

图 6-7 不同 pH 值条件下 CMC 对滑石润湿接触角的影响

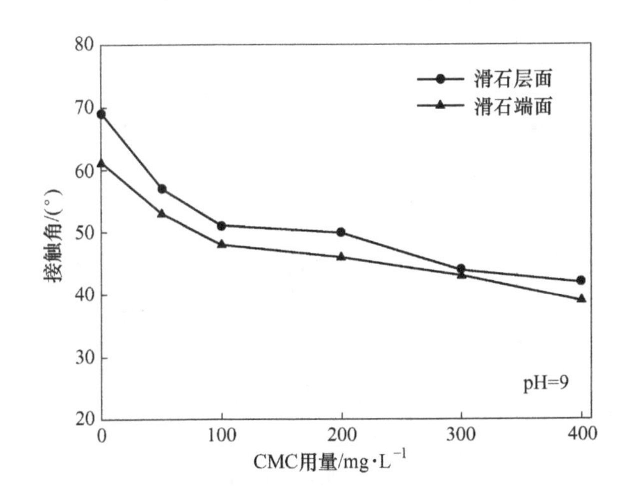

图 6-8 CMC 用量对滑石接触角的影响

性显著增加，滑石的可浮性得到抑制。在相同药剂用量条件下，古尔胶比 CMC 更能增强滑石表面的亲水性。

图 6-11 所示为不同 pH 值下 CMC 对黄铁矿表面润湿性的影响。由图可知，黄铁矿表面的天然润湿接触角为 65°左右，与滑石的润湿接触角接近，表明黄铁矿与滑石具有相近的天然疏水性表面。由图 6-11 可知，CMC 能降低黄铁矿的接触角，使黄铁矿表面的疏水性降低。图 6-12 所示为 pH = 9 时 CMC 用量对黄铁矿表面润湿性的影响。由图可知，随着 CMC 用量增加，黄铁矿的润湿接触角逐渐减小，表面疏水性减弱。

图 6-13 所示为不同 pH 值下古尔胶对黄铁矿表面润湿性的影响。古尔胶的添加使黄铁矿的接触角下降，表面疏水性降低。图 6-14 所示为 pH = 9 时古尔胶用

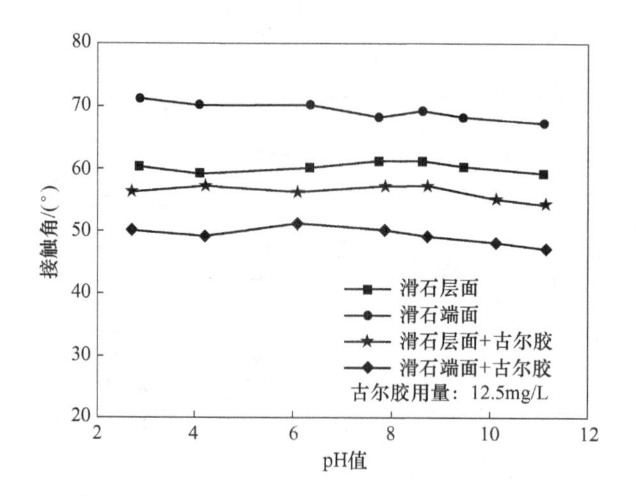

图 6-9 不同 pH 值条件下古尔胶对滑石润湿接触角的影响

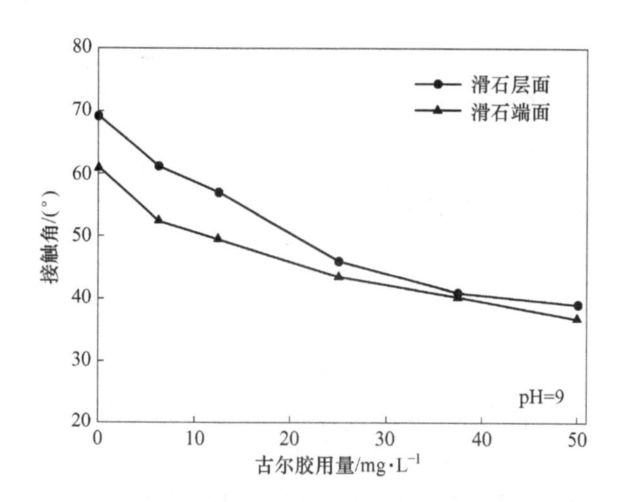

图 6-10 古尔胶用量对滑石接触角的影响

量对黄铁矿表面润湿性的影响。随着古尔胶用量增加，黄铁矿的接触角逐渐减小，表面疏水性逐渐降低。在相同药剂用量条件下，古尔胶比 CMC 更能降低黄铁矿表面的疏水性。

综上所述，有机抑制剂 CMC 与古尔胶能降低滑石与黄铁矿的润湿接触角，增大矿物表面的亲水性，使其浮选得到抑制。其中古尔胶对矿物的抑制能力大于 CMC。

6.1.3.2 高分子抑制剂在滑石矿物表面的吸附

图 6-15 所示为 CMC 作用前后滑石的红外光谱。图中滑石的特征光谱中

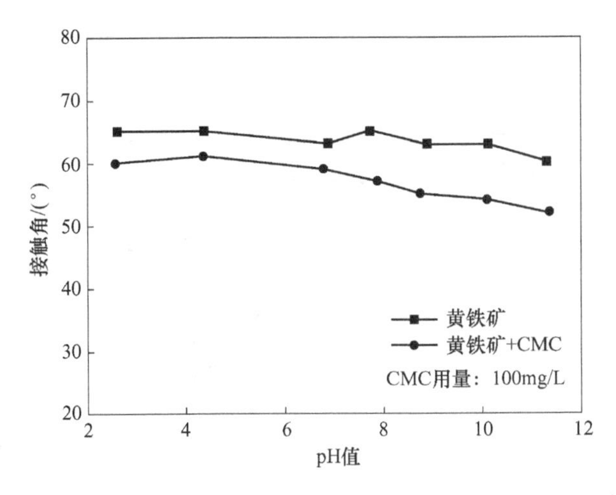

图 6-11 不同 pH 值条件下 CMC 对黄铁矿润湿接触角的影响

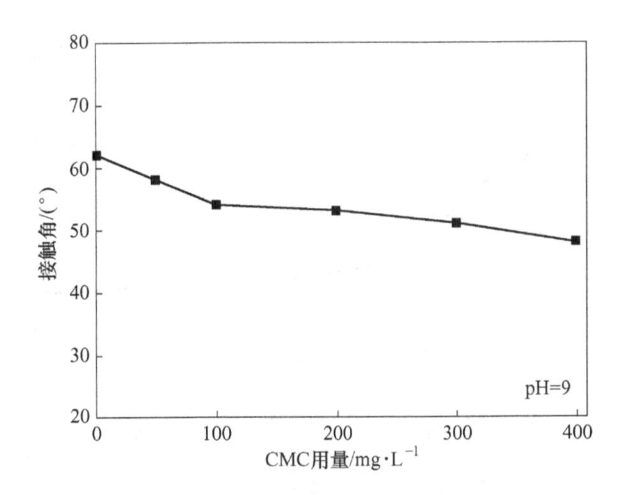

图 6-12 CMC 用量对黄铁矿接触角的影响

3677cm^{-1}处为 O—H 伸缩振动峰，由于滑石单个晶胞中只有 2 个羟基（蛇纹石是 8 个羟基），故 O—H 伸缩振动较弱。1026cm^{-1}处很强的锐吸收峰对应 Si—O 伸缩振动，672cm^{-1}为 O—H 弯曲振动峰，475cm^{-1}处特征峰为 Si—O 弯曲振动峰。从红外光谱图上可以看出，滑石的红外谱带均较窄，峰比较尖锐，因为滑石晶体结构中 Si—O 基团的有效对称性较好，成分比较单一[148]。

CMC 红外谱图中 3442cm^{-1}为—OH 伸缩振动，2918cm^{-1}为—CH_2 伸缩振动，1623cm^{-1}为—COO^-反对称伸缩振动，1423cm^{-1}为—COO^-对称伸缩振动，1115~1019cm^{-1}处特征峰为 C—O 键的伸缩振动[168,169]。

滑石与 CMC 作用后，滑石在 3394cm^{-1}处出现了较强的—OH 吸收峰，同时

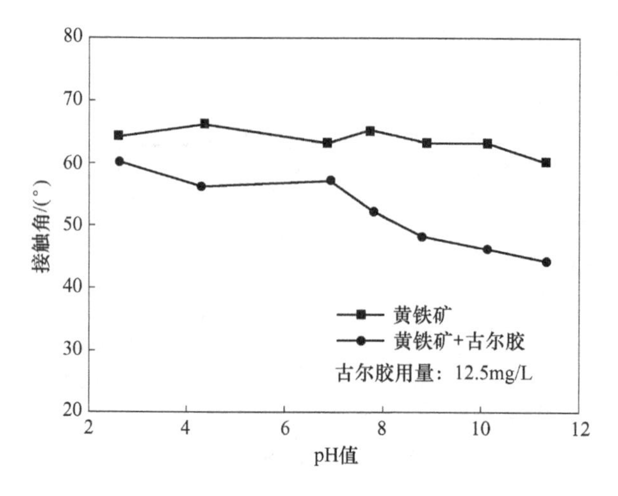

图 6-13 不同 pH 值条件下古尔胶对黄铁矿润湿接触角的影响

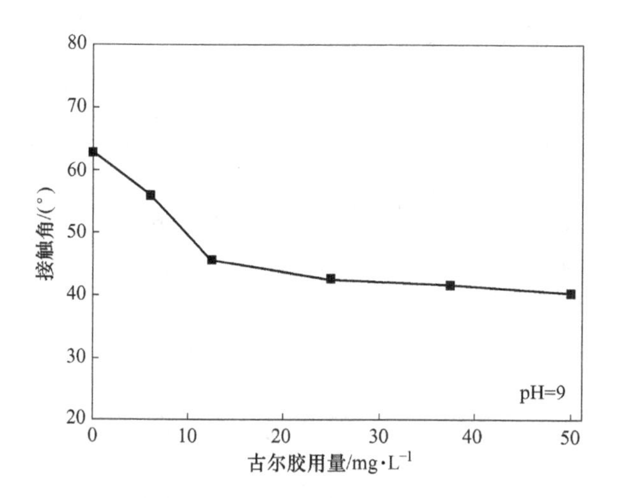

图 6-14 古尔胶用量对黄铁矿接触角的影响

在 1632cm^{-1}处出现了新的吸收峰，对应为 CMC 中—COO^-对称伸缩振动峰，并且向高频端移动了 9cm^{-1}。这表明 CMC 通过—COO^-和—OH 基团在滑石表面发生了吸附。

图 6-16 所示为古尔胶作用前后滑石的红外光谱图。在古尔胶的红外谱图中 3443cm^{-1}为—OH 伸缩振动，2923cm^{-1}为—CH_2 伸缩振动，1649cm^{-1}为碳氧六元环的环伸缩振动，1159~1016cm^{-1}处特征峰为 C—O 键的伸缩振动[170]。

滑石与古尔胶作用后，滑石在 3403cm^{-1}处出现了—OH 伸缩振动峰，与古尔胶中的—OH 伸缩振动峰相比有较大的偏移，说明古尔胶通过—OH 基团在滑石表面发生了吸附。与古尔胶作用后，滑石的红外光谱在 1652cm^{-1}处出现了新吸收峰，这是吸附后的古尔胶中碳氧六元环的环伸缩振动峰。

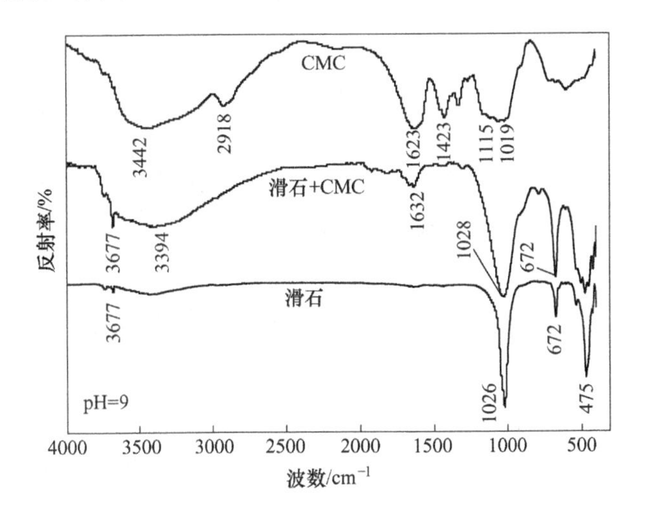

图 6-15　CMC 与滑石作用前后的红外光谱

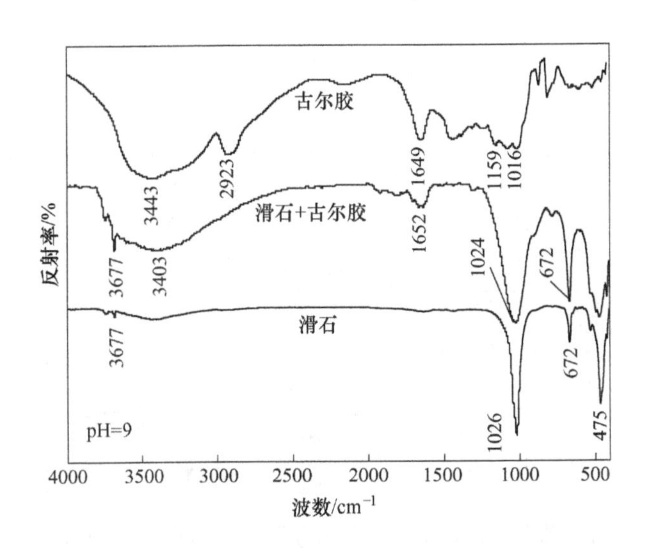

图 6-16　古尔胶与滑石作用前后的红外光谱

6.1.3.3　高分子抑制剂对矿物表面电性的影响

图 6-17 与图 6-18 所示为 CMC 对滑石与黄铁矿表面电性的影响。如图所示，CMC 能降低滑石与黄铁矿的 Zeta 电位，增大滑石与黄铁矿颗粒间的静电斥力，使滑石与黄铁矿更好地分散在矿浆中。

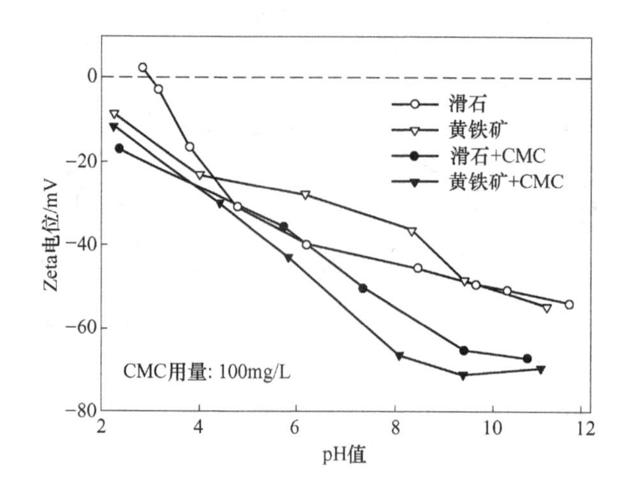

图 6-17　不同 pH 值条件下 CMC 对矿物 Zeta 电位的影响

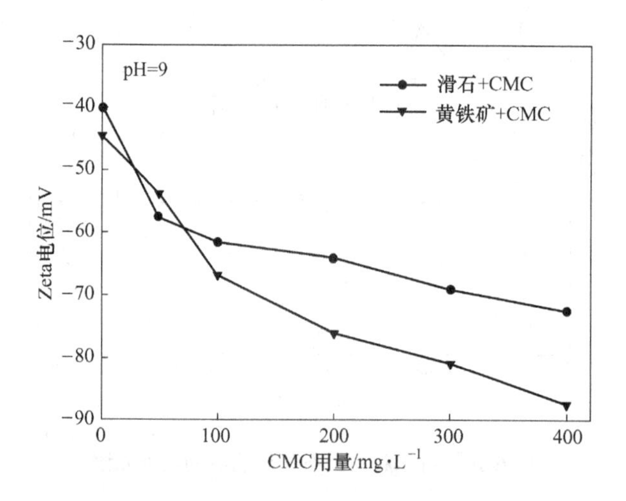

图 6-18　CMC 用量对矿物 Zeta 电位的影响

图 6-19 与图 6-20 所示为古尔胶对滑石与黄铁矿表面电性的影响。如图所示，古尔胶在矿物表面作用后，滑石与黄铁矿的 Zeta 电位均略有升高，但矿物表面始终荷负电，颗粒间作用力保持为相互排斥，不易发生异相凝聚。

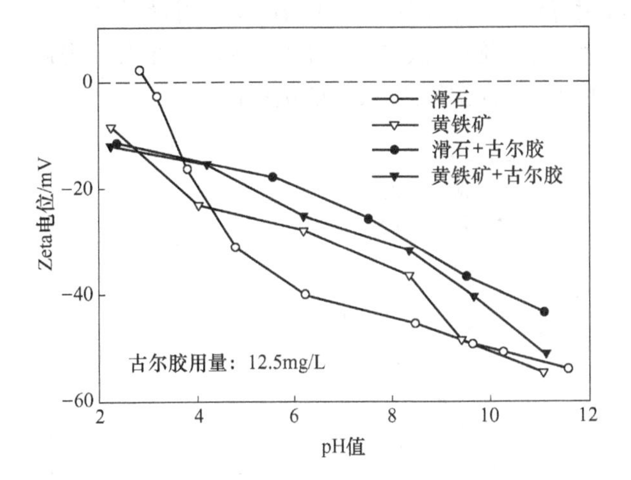

图 6-19 不同 pH 值条件下古尔胶对矿物 Zeta 电位的影响

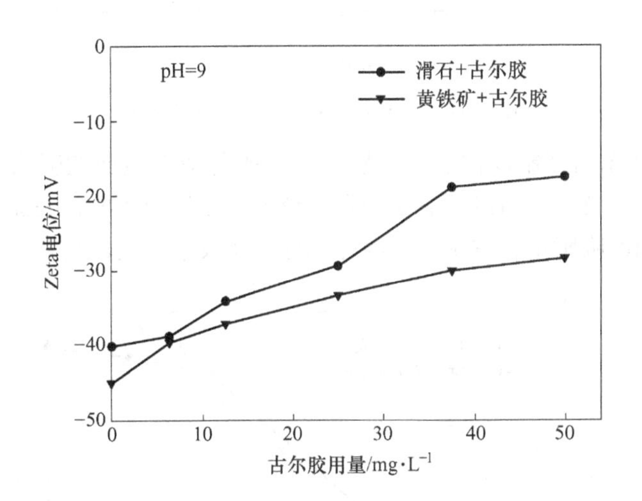

图 6-20 古尔胶用量对矿物 Zeta 电位的影响

6.2 浮选剂在滑石与硫化矿表面的分子间组装

由于滑石的高效抑制剂对硫化矿的可浮性也有一定的抑制作用，故实现硫化矿与滑石的高效浮选分离，必须在抑制滑石的同时，恢复硫化矿的可浮性。本文通过对捕收剂与抑制剂在矿物表面的选择性作用调控，实现矿物固液界面浮选剂的分子间组装，进而指导硫化矿与滑石的浮选分离。

6.2.1 固液界面浮选剂分子间组装的调控原理

由于滑石的天然疏水性好，在硫化矿与滑石的浮选分离中，需要添加滑石抑制剂与硫化矿捕收剂。图 6-21 所示为捕收剂戊基钾黄药（PAX）分别在黄铁矿与滑石表面的吸附等温线。由图可知，随着 PAX 用量增大，PAX 在黄铁矿表面的吸附量逐渐增大并最终趋于稳定；而 PAX 基本不在滑石表面吸附，可见捕收剂黄药在两种矿物表面的吸附具有很好的选择性。

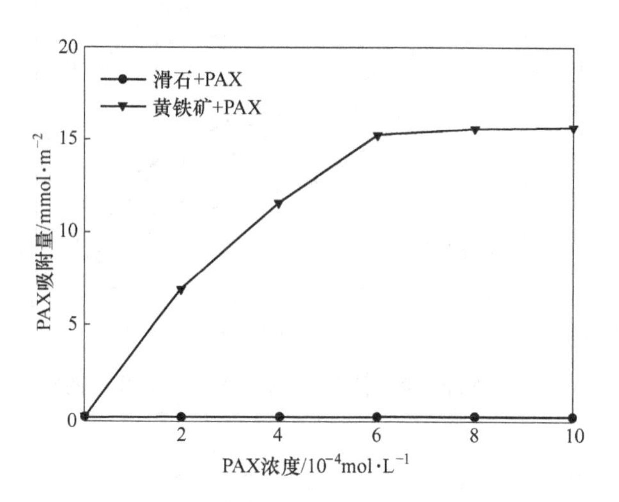

图 6-21 PAX 在矿物表面的吸附等温线

图 6-22 所示为抑制剂古尔胶分别在黄铁矿与滑石表面的吸附等温线。由图可知，古尔胶在黄铁矿与滑石表面均发生吸附，古尔胶在滑石表面的吸附量大于在黄铁矿表面的吸附量，古尔胶在两种矿物表面吸附的选择性较差。

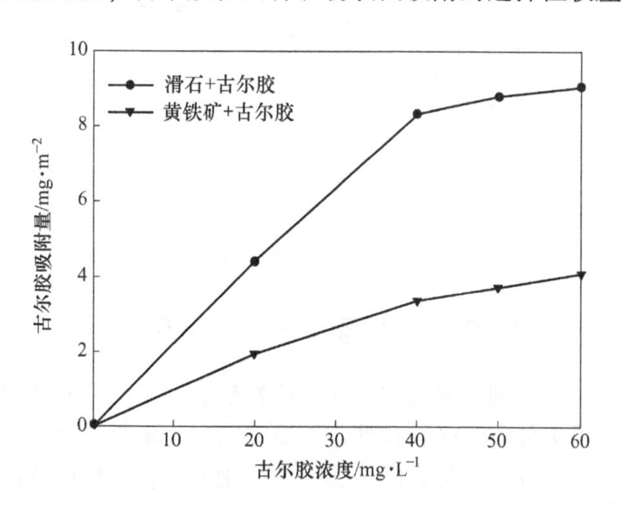

图 6-22 古尔胶在矿物表面的吸附等温线

针对捕收剂与抑制剂在两种矿物表面吸附能力的差异，通过调控浮选剂在矿物固液界面的分子间组装，使捕收剂优先在黄铁矿表面吸附，增大黄铁矿表面的疏水性，阻止黄铁矿进一步吸附含有亲水性基团的抑制剂，实现抑制剂对滑石的选择性抑制。本书通过调整药剂的作用顺序来实现矿物表面浮选剂的分子间组装，即优先添加捕收剂，再添加抑制剂。图 6-23 所示为浮选剂在矿物表面分子间组装的作用模型。

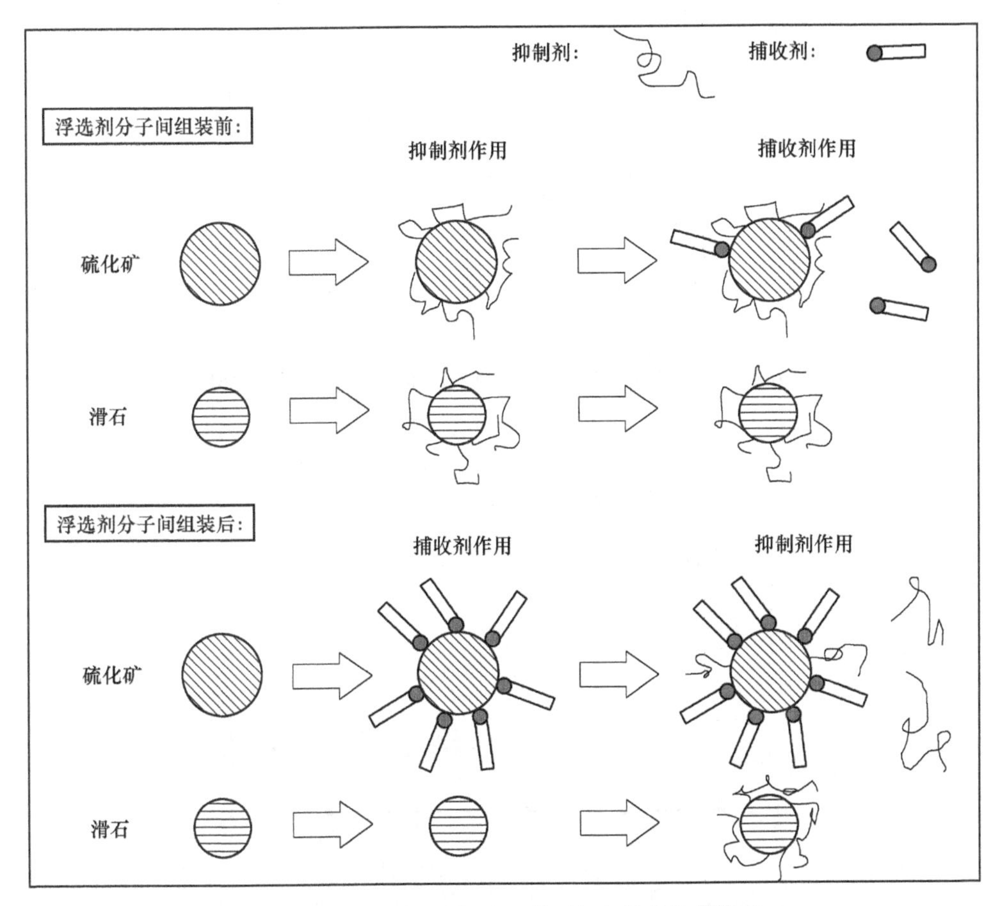

图 6-23　浮选剂在矿物表面分子间组装的作用模型

图 6-24 所示为浮选剂分子间组装前后 PAX 在黄铁矿表面的吸附等温线，由图可知，浮选剂分子间组装后 PAX 在黄铁矿表面的吸附量显著增大。图 6-25 所示为浮选剂分子间组装前后 PAX 在滑石表面的吸附等温线，由图可知，浮选剂分子间组装后滑石依然不吸附捕收剂黄药。

图 6-26 所示为浮选剂分子间组装前后古尔胶在黄铁矿表面的吸附等温线，由图可知，浮选剂分子间组装后古尔胶在黄铁矿表面的吸附量显著降低。图 6-27 所示为浮选剂分子间组装前后古尔胶在滑石表面的吸附等温线，由图可知，浮选剂分子间组装前后古尔胶在滑石表面的吸附量没有明显变化，古尔胶在滑石表面的吸附得到了维持。浮选剂分子间组装后增强了抑制剂古尔胶在两种矿物表面吸

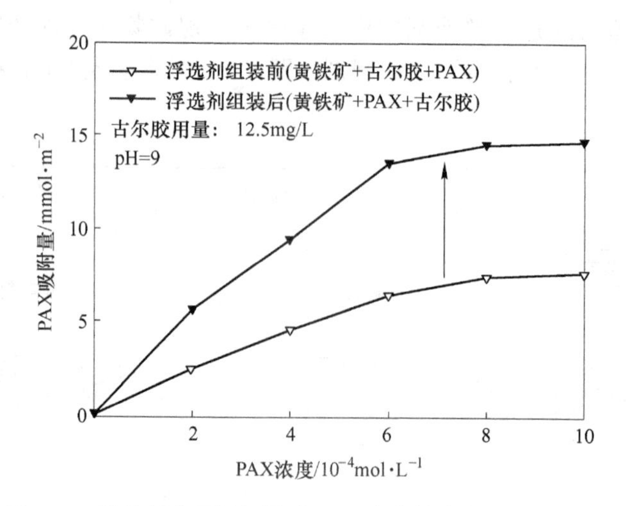

图 6-24 浮选剂分子间组装对 PAX 在黄铁矿表面吸附的影响

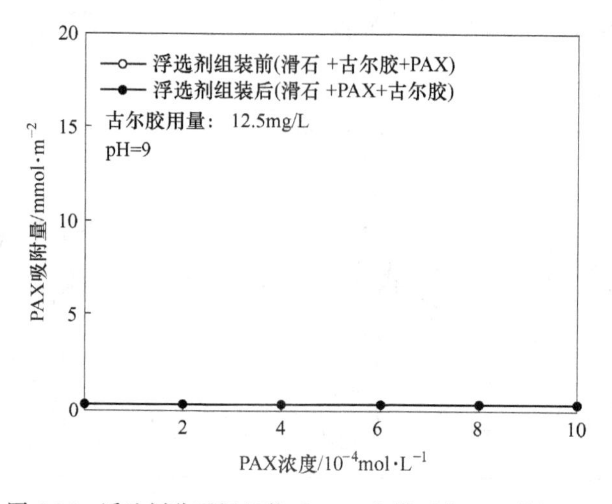

图 6-25 浮选剂分子间组装对 PAX 在滑石表面吸附的影响

附的选择性。

综上所述，捕收剂与抑制剂在矿物表面的分子间组装，强化了捕收剂在目的矿物表面的吸附，增强了抑制剂在脉石矿物表面吸附的选择性。

图 6-28 所示为浮选剂分子间组装前后药剂在黄铁矿表面吸附的红外光谱。浮选剂分子间组装前，药剂的添加顺序为 CMC—PAX，黄铁矿的红外谱图中出现 $1026cm^{-1}$的吸附峰，对应 CMC 的 C—O 键伸缩振动[157]，CMC 吸附在黄铁矿表面；浮选剂分子间组装后，药剂的添加顺序为 PAX—CMC，黄铁矿红外光谱中出现 $1087cm^{-1}$的吸附峰，对应 PAX 的 C═S 键伸缩振动特征峰[171]。由此可知，浮选剂分子间组装后，增强了捕收剂 PAX 在黄铁矿表面的吸附，减弱了抑制剂

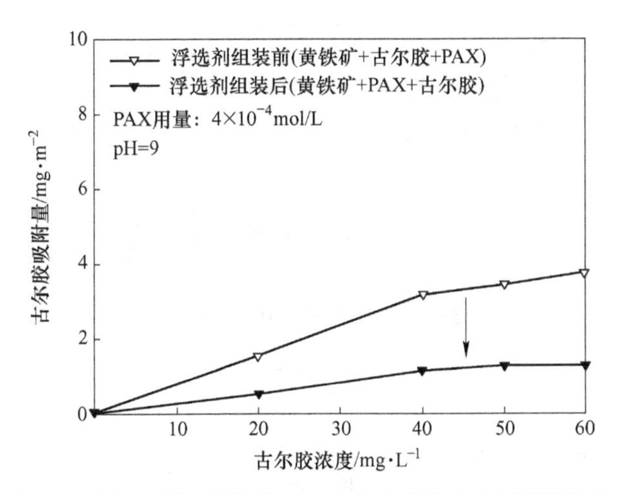

图 6-26 浮选剂分子间组装对古尔胶在黄铁矿表面吸附的影响

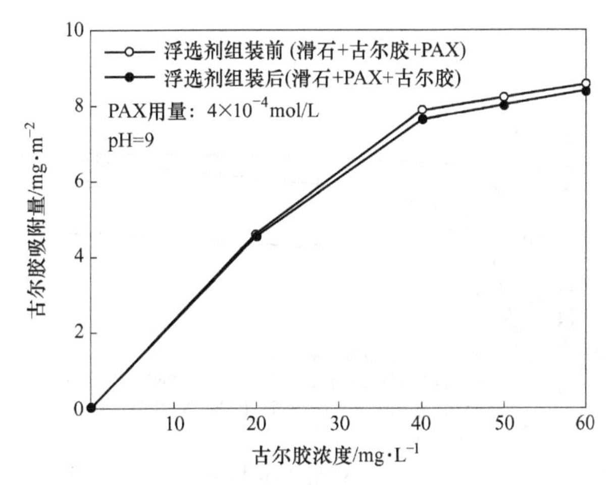

图 6-27 浮选剂分子间组装对古尔胶在滑石表面吸附的影响

CMC 在黄铁矿表面的吸附。

6.2.2 浮选剂分子间组装对矿物表面润湿性的调控

通过润湿接触角试验考察了浮选剂分子间组装对矿物表面润湿性的影响。图 6-29 所示是浮选剂分子间组装前后黄铁矿表面润湿性的变化规律。

由图 6-29 可知，不添加抑制剂时，随着 PAX 用量增大，黄铁矿表面接触角逐渐升高，疏水性逐渐增强。当捕收剂 PAX 用量为 2×10^{-4}mol/L 时，黄铁矿的接触角升高至 72°。在浮选剂与抑制剂共存的体系中，古尔胶显著降低黄铁矿的接触角；矿物表面浮选剂分子间组装后黄铁矿的接触角增大，疏水性得到一定的恢复。

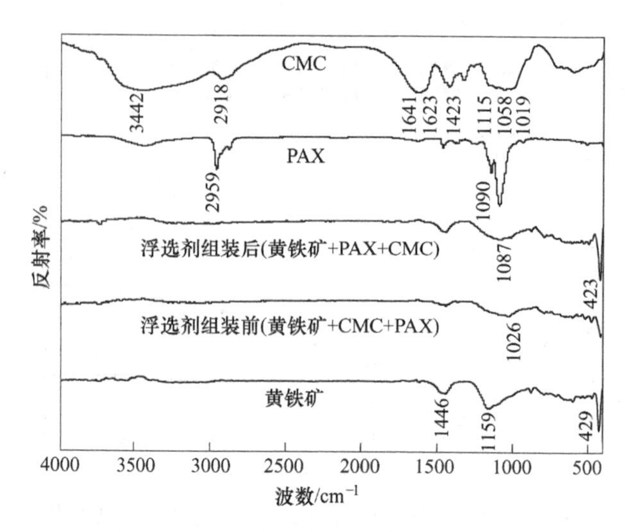

图 6-28 浮选剂分子间组装前后药剂在黄铁矿表面吸附的红外光谱

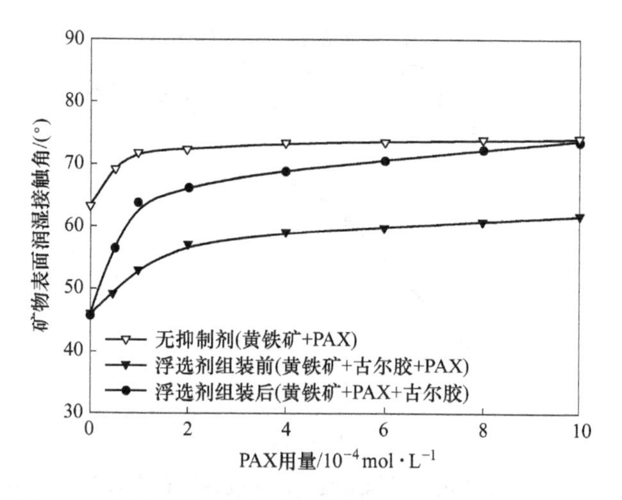

图 6-29 浮选剂分子间组装对黄铁矿表面润湿性的影响

（pH=9；古尔胶用量：12.5mg/L）

图 6-30 所示是浮选剂分子间组装前后滑石层面润湿性的变化规律。由图可知，不添加抑制剂时，滑石的接触角保持在较高的水平，滑石表面疏水性好。在浮选剂与抑制剂共存的体系中，古尔胶显著降低滑石的接触角，增大滑石表面的亲水性；矿物表面浮选剂分间组装后滑石的接触角没有明显的变化，亲水性得到了维持。

综上所述，通过捕收剂与抑制剂在矿物表面分子间组装，降低滑石表面疏水性的同时提高了黄铁矿表面的疏水性，增大了黄铁矿与滑石的表面润湿性差异，有利于矿物浮选分离。

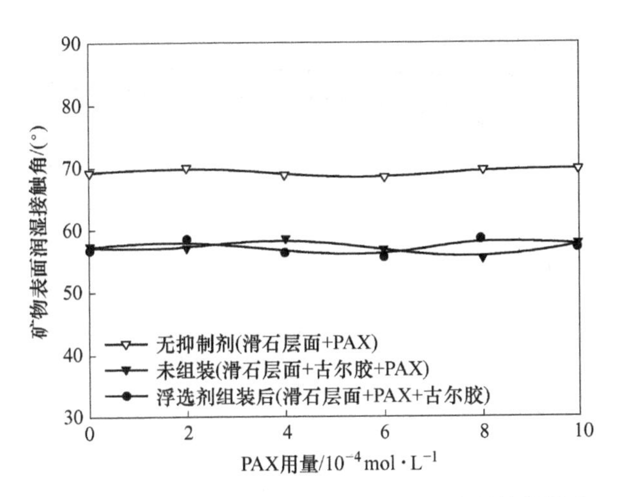

图 6-30 浮选剂分子间组装对滑石层面润湿性的影响
（pH=9；古尔胶用量：12.5mg/L）

6.3 浮选剂分子间组装对硫化矿与滑石浮选分离的强化

6.3.1 浮选剂分子间组装对矿物可浮性的影响

6.3.1.1 浮选剂分子间组装前后黄铁矿可浮性的变化规律

图 6-31 与图 6-32 所示为浮选剂在矿物固液界面分子间组装对黄铁矿可浮性的影响。当无抑制剂时，黄铁矿的可浮性很好，浮选回收率达到 90%以上；在浮

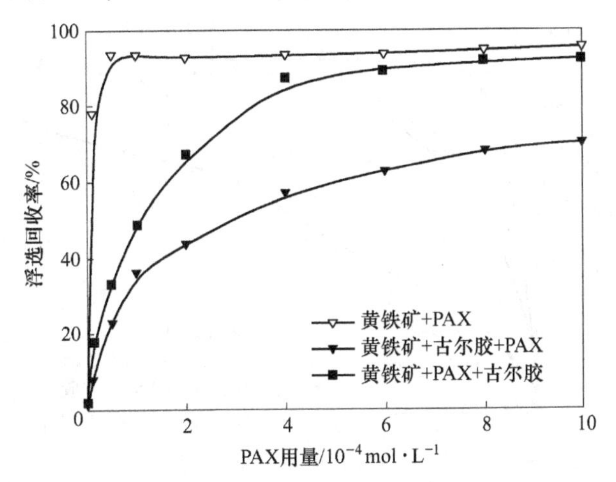

图 6-31 古尔胶与 PAX 分子间组装对黄铁矿可浮性的影响
（pH=9；古尔胶用量：12.5mg/L；MIBC 用量：10mg/L；黄铁矿用量：2g）

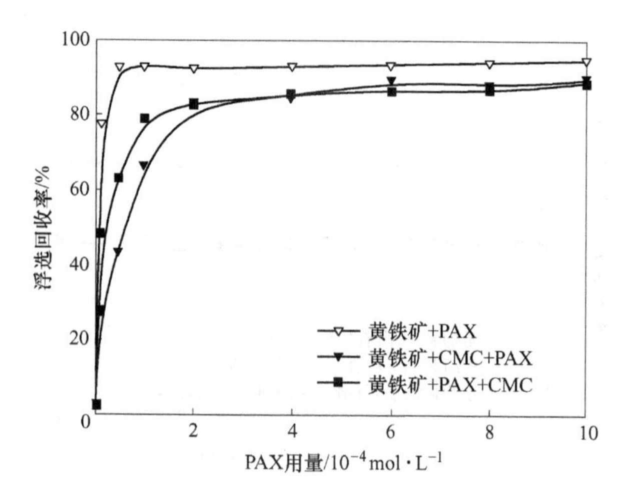

图 6-32 CMC 与 PAX 分子间组装对黄铁矿可浮性的影响
（pH=9；CMC 用量：100mg/L；MIBC 用量：10mg/L；黄铁矿用量：2g）

选剂与抑制剂共存的体系中，黄铁矿的可浮性受到一定的抑制；矿物表面浮选剂分子间组装后黄铁矿的可浮性得到恢复。

6.3.1.2 浮选剂分子间组装前后复合硫化矿可浮性的变化规律

图 6-33 与图 6-34 所示为浮选剂在矿物固液界面分子间组装对复合硫化矿可浮性的影响。当无抑制剂时，复合硫化矿在黄药捕收剂作用下的可浮性很好；在浮选剂与抑制剂共存的体系中，复合硫化矿的可浮性受到强烈的抑制；矿物表面浮选剂分子间组装后复合硫化矿的可浮性得到恢复。

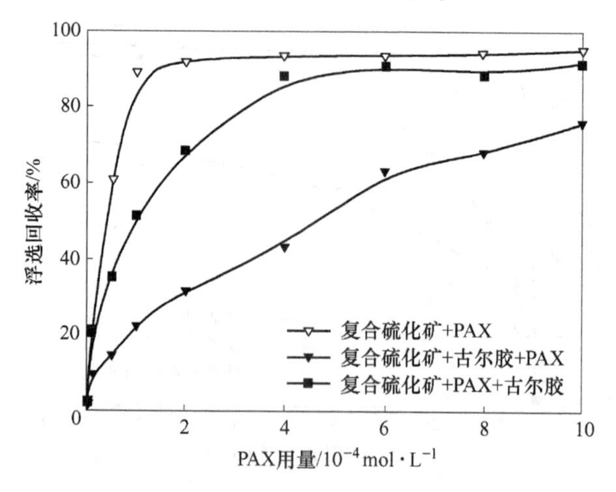

图 6-33 古尔胶与 PAX 分子间组装对复合硫化矿可浮性的影响
（pH=9；古尔胶用量：12.5mg/L；MIBC 用量：10mg/L；复合硫化矿用量：2g）

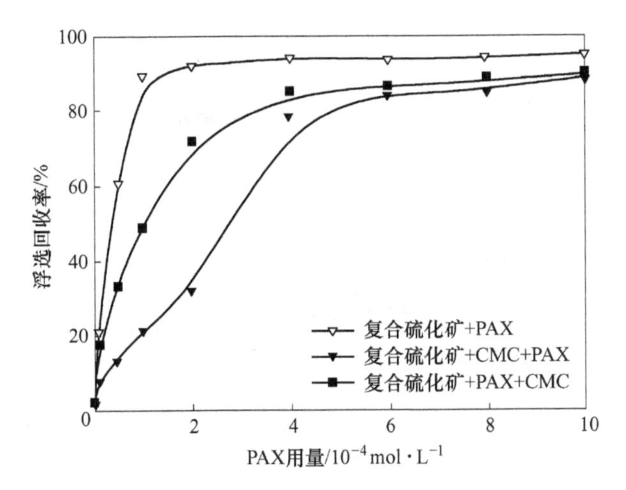

图 6-34 CMC 与 PAX 分子间组装对复合硫化矿可浮性的影响
（pH=9；CMC 用量：100mg/L；MIBC 用量：10mg/L；复合硫化矿用量：2g）

6.3.1.3 浮选剂分子间组装对滑石可浮性的影响

图 6-35 与图 6-36 所示为浮选剂在矿物固液界面分子间组装对滑石可浮性的影响。当无抑制剂时，滑石的可浮性很好，浮选回收率达到 84%；在浮选剂与抑制剂共存的体系中，滑石的可浮性受到强烈的抑制；矿物表面浮选剂分子间组装后滑石依然被强烈抑制。当古尔胶用量为 50mg/L 时，滑石基本被完全抑制。

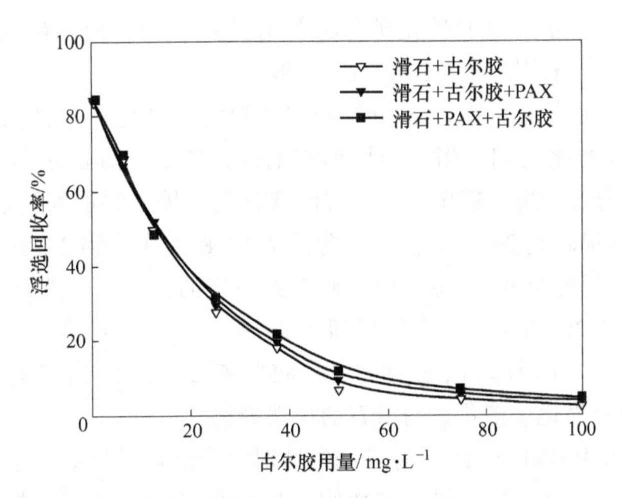

图 6-35 古尔胶与 PAX 分子间组装对滑石可浮性的影响
（pH=9；PAX 用量：4×10^{-4}mol/L；MIBC 用量：10mg/L；滑石用量：2g）

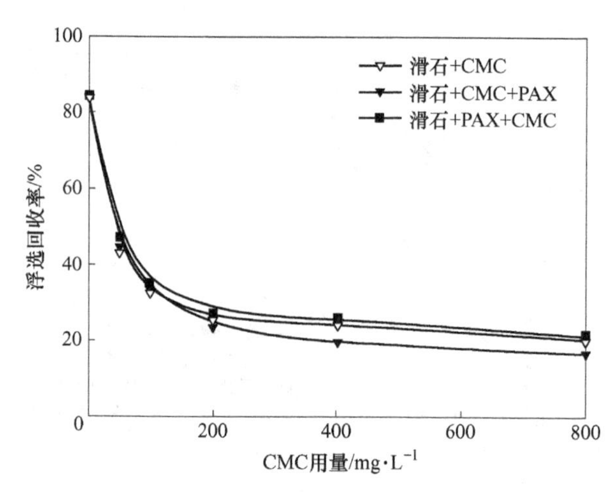

图 6-36　CMC 与 PAX 分子间组装对滑石可浮性的影响

（pH=9；PAX 用量：4×10^{-4}mol/L；MIBC 用量：10mg/L；滑石用量：2g）

综上所述，矿物固液界面浮选剂的分子间组装增大了硫化矿的可浮性，降低了滑石的可浮性，增强了硫化矿与滑石的可分选性。

6.3.2　浮选剂分子间组装对矿物浮选分离的影响

通过复合硫化矿（包含镍黄铁矿、黄铜矿与黄铁矿）与滑石人工混合矿浮选试验，考察了固液界面浮选剂分子间组装后复合硫化矿与滑石的浮选分离效果。人工混合矿浮选试验在 40mL 挂槽式浮选机中进行，浮选时间为 3min，人工混合矿用量为 2g，其中复合硫化矿与滑石比例为 1∶1；硫化矿捕收剂为戊基钾黄药（PAX），滑石抑制剂为 CMC 或古尔胶。

表 6-1 所示为古尔胶与 PAX 分子间组装对复合硫化矿与滑石浮选分离的强化。由表 6-1 中数据可知，当不使用抑制剂时，精矿中 S 品位与 MgO 含量都很高，硫化矿与滑石均进入精矿中，没有浮选分离效果；添加抑制剂后，精矿中 S 品位从 16.22%提高到 26.17%，MgO 含量从 13.84%降低到 2.70%，但精矿 S 回收率从 88.23%降低至 82.89%，硫化矿受到一定的抑制；浮选剂分子间组装后，精矿中 S 品位从 26.17%进一步提高到 27.67%，MgO 含量从 2.70%进一步降低到 1.23%，精矿 S 回收率从 82.89%提高到 86.28%。矿物固液界面古尔胶与 PAX 分子间组装强化了硫化矿与滑石的浮选分离。

表 6-2 所示为 CMC 与 PAX 分子间组装对复合硫化矿与滑石浮选分离的强化。由表 6-2 中数据可知，浮选剂在矿物固液界面分子间组装后，精矿中 S 品位从 25.95%提高到 28.16%，MgO 含量从 3.10%降低到 1.53%，精矿 S 回收率从 85.89%提高到 86.93%，硫化矿与滑石的浮选分离得到强化。

表 6-1 古尔胶与 PAX 分子间组装前后人工混合矿浮选试验结果

	药剂制度	产品	产率/%	品位/%		回收率/%	
				S	MgO	S	MgO
无抑制剂	PAX	精矿	85.42	16.22	13.84	88.23	81.20
		尾矿	14.58	12.67	18.78	11.77	18.80
		总计	100	15.70	14.56	100.00	100.00
组装前	古尔胶+PAX	精矿	49.72	26.17	2.70	82.89	9.22
		尾矿	50.28	5.34	26.29	17.11	90.78
		总计	100	15.70	14.56	100.00	100.00
组装后	PAX+古尔胶	精矿	48.96	27.67	1.23	86.28	4.14
		尾矿	51.04	4.22	27.35	13.72	95.86
		总计	100	15.70	14.56	100.00	100.00

注：pH=9；人工混合矿用量 2g；浮选时间 3min；PAX 用量 2×10^{-4}mol/L；古尔胶用量 50mg/L。

表 6-2 CMC 与 PAX 分子间组装前后人工混合矿浮选试验结果

	药剂制度	产品	产率/%	品位/%		回收率/%	
				S	MgO	S	MgO
组装前	CMC+PAX	精矿	51.96	25.95	3.10	85.89	11.06
		尾矿	48.04	4.61	26.96	14.11	88.94
		总计	100.00	15.70	14.56	100.00	100.00
组装后	PAX+CMC	精矿	48.46	28.16	1.53	86.93	5.09
		尾矿	51.54	3.98	26.81	13.07	94.91
		总计	100.00	15.70	14.56	100.00	100.00

注：pH=9；人工混合矿用量 2g；浮选时间 3min；PAX 用量 2×10^{-4}mol/L；CMC 用量 400mg/L。

6.4 本章小结

本章采用润湿接触角测量、吸附量测试、红外光谱分析、Zeta 电位测试和浮选试验等研究方法，研究了硫化铜镍矿浮选体系中滑石的选择性抑制，提出了固液界面浮选剂的分子间组装机制，主要结论如下：

(1) 有机高分子聚合物古尔胶和 CMC 是滑石的有效抑制剂，但同时也抑制硫化矿的浮选。

(2) 古尔胶和 CMC 通过分子链上的活性基团—COOH 和—OH 与矿物表面发生吸附，降低矿物表面的疏水性。

(3) 捕收剂黄药只吸附在硫化矿表面，而抑制剂古尔胶在硫化矿与滑石表面均发生吸附。

（4）通过矿物/水固液界面浮选剂的分子间组装，改变药剂添加顺序，使捕收剂优先在硫化矿表面作用，从而阻止抑制剂在硫化矿表面的进一步吸附，增强浮选剂对不同矿物作用的选择性。

（5）固液界面浮选剂分子间组装增大了硫化矿与滑石表面润湿性差异，有利于二者的浮选分离。

7 硫化铜镍矿强化浮选技术

本章在前文的研究基础上，对硫化铜镍矿多矿相人工混合矿及实际矿石进行了浮选研究。基于镁硅酸盐矿物“强化分散-同步抑制”调控原理，形成了硫化铜镍矿强化浮选技术原型，获得了较好的浮选工业试验技术指标。

7.1 多矿相人工混合矿浮选分离研究

表 7-1 所示为多矿相人工混合矿浮选试验结果。多矿相人工混合矿由复合硫化矿、蛇纹石与滑石按 2∶1∶1 组成，浮选 pH=9，浮选时间 3min，捕收剂 PAX 用量为 2×10^{-4}mol/L。当不添加调整剂时，蛇纹石降低硫化矿的可浮性，S 回收率低（51.71%），滑石天然疏水性好，导致精矿中 MgO 含量高（6.27%），S 品位低（15.63%）；只对混合矿进行分散调控时，蛇纹石对硫化矿可浮性的影响改善，精矿 S 回收率升高（97.66%），但滑石没有得到抑制，精矿中 MgO 含量依然较高（7.15%）；只对混合矿进行选择性抑制调控时，由于蛇纹石与滑石的异相凝聚，使滑石不能完全抑制，精矿中 MgO 含量略有下降（4.90%），同时蛇纹石与硫化矿之间没有得到分散，精矿 S 回收率仍然较低（68.58%）。

表 7-1 多矿相人工混合矿浮选试验结果

调控方式	药剂制度 /mg · L^{-1}	产品	产率/%	品位/%		回收率/%	
				S	MgO	S	MgO
未调控	PAX	精矿	51.28	15.63	6.27	51.71	20.25
		尾矿	48.72	15.36	25.99	48.29	79.75
		总计	100.00	15.50	15.88	100.00	100.00
强化分散调控	SHMP：50 +PAX	精矿	68.31	22.16	7.15	97.66	30.76
		尾矿	31.69	1.14	34.70	2.34	69.24
		总计	100.00	15.50	15.88	100.00	100.00
选择性抑制调控	PAX +古尔胶：20	精矿	60.12	17.68	4.90	68.58	18.55
		尾矿	39.88	12.21	32.43	31.42	81.45
		总计	100.00	15.50	15.88	100.00	100.00

续表 7-1

调控方式	药剂制度 /mg · L^{-1}	产品	产率/%	品位/%		回收率/%	
				S	MgO	S	MgO
“强化分散-同步抑制”调控	SHMP：100 +PAX +古尔胶：10	精矿	51.25	28.33	1.43	93.67	4.62
		尾矿	48.75	2.01	31.07	6.33	95.38
		总计	100.00	15.50	15.88	100.00	100.00

注：PAX 用量 2×10^{-4}mol/L；pH=9；浮选时间 3min；人工混合矿组成：复合硫化矿 1g+蛇纹石 0.5g+滑石 0.5g。

由此可知，在硫化矿、蛇纹石与滑石共存的浮选体系中，实现目的矿物与脉石矿物的同步浮选分离，必须结合两种调控方式，即首先进行强化分散调控，使蛇纹石与硫化矿、蛇纹石与滑石良好分散，再进行脉石矿物选择性抑制调控，实现蛇纹石、滑石等镁硅酸盐矿物的同步抑制。由表 7-1 可知，对混合矿进行“强化分散-同步抑制”调控后，精矿 S 品位升高（28.33%），MgO 含量降低（1.43%），精矿 S 回收率达到 93.67%。

对不同组成的多矿相人工混合矿进行了浮选试验研究，以考察“强化分散-同步抑制”调控对复杂多矿相硫化矿的浮选分离效果。表 7-2 所示为多矿相人工混合矿“强化分散-同步抑制”浮选试验结果。无论镁硅酸盐矿物组成如何，硫化矿与硅酸盐矿物均实现了有效的浮选分离。对硫化矿、蛇纹石、滑石和绿泥石共同组成的人工混合矿，采用“强化分散-同步抑制”调控，实现了目的矿物与脉石矿物的同步浮选分离，精矿 S 品位 29.25%，MgO 含量 1.12%，精矿 S 回收率达 90.51%。

表 7-2　多矿相人工混合矿“强化分散-同步抑制”浮选试验结果

人工混合矿矿物组成	产品	产率/%	品位/%		回收率/%	
			S	MgO	S	MgO
复合硫化矿 1g +蛇纹石 0.5g +绿泥石 0.5g	精矿	50.64	28.21	0.86	91.40	3.00
	尾矿	49.36	2.72	28.53	8.60	97.00
	总计	100.00	15.63	14.52	100.00	100.00
复合硫化矿 1g +滑石 0.5g +绿泥石 0.5g	精矿	49.45	29.67	1.64	94.35	5.68
	尾矿	50.55	1.74	26.66	5.65	94.32
	总计	100.00	15.55	14.29	100.00	100.00
复合硫化矿 1g +蛇纹石 0.33g +滑石 0.33g+绿泥石 0.33g	精矿	47.87	29.25	1.12	90.51	3.54
	尾矿	52.13	2.82	28.00	9.49	96.46
	总计	100.00	15.47	15.13	100.00	100.00

注：药剂制度：六偏磷酸钠 100 mg/L + PAX 2×10^{-4} mol/L + 古尔胶 10mg/L；人工混合矿用量 2g；pH=9；浮选时间 3min。

图 7-1 所示为硫化铜镍矿中镁硅酸盐矿物“强化分散-同步抑制”调控原理。硫化铜镍矿矿物组成复杂，包含多种硫化矿物和硅酸盐矿物，一般通过浮选使金

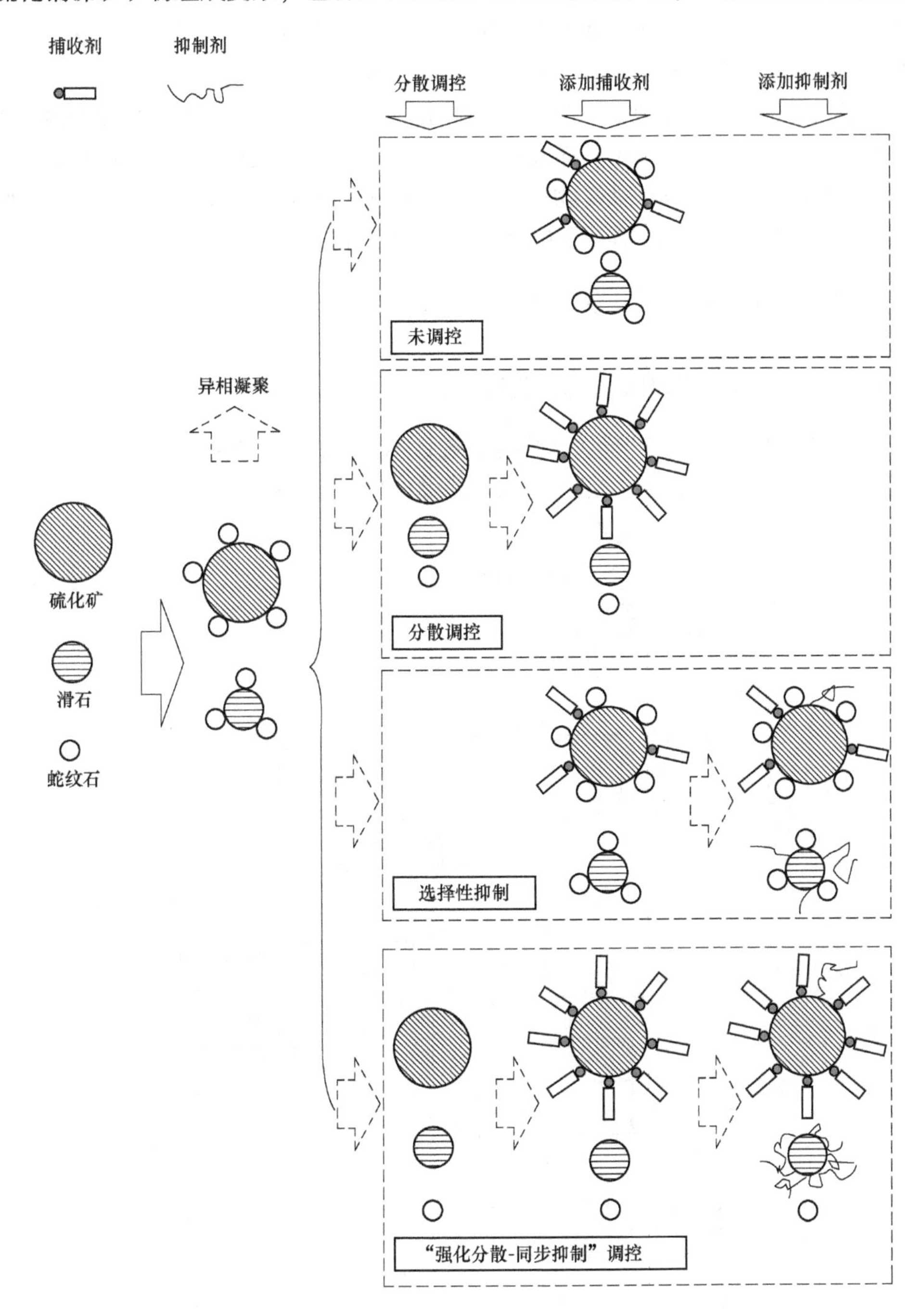

图 7-1 镁硅酸盐矿物“强化分散-同步抑制”调控原理

属硫化矿物与蛇纹石、滑石等硅酸盐脉石矿物分离，得到铜镍混合精矿。在矿浆中蛇纹石与硫化矿、蛇纹石与滑石之间易发生异相凝聚。只添加捕收剂时，滑石天然可浮性好，蛇纹石罩盖在硫化矿表面，无法实现硫化矿与硅酸盐脉石的浮选分离；单独进行分散调控时，滑石由于天然疏水性好，易进入浮选精矿，无法实现与硫化矿的浮选分离；单独进行选择性抑制调控时，蛇纹石与滑石发生异相凝聚，减弱抑制剂在滑石表面的吸附，降低滑石的可抑制性，无法实现硫化矿与硅酸盐脉石的浮选分离。针对镁硅酸盐矿物采用“强化分散-同步抑制”调控，实现了镁硅酸盐脉石矿物的同步抑制，强化了硫化铜镍矿与镁硅酸盐矿物的浮选分离。

7.2　低品位硫化铜镍矿实际矿石浮选研究

7.2.1　低品位硫化铜镍矿浮选闭路试验

在多矿相人工混合矿浮选试验的基础上，针对新疆哈密天隆低品位硫化铜镍矿，进行了实际矿石浮选试验。哈密天隆镍矿浮选闭路试验流程见图 7-2，药剂

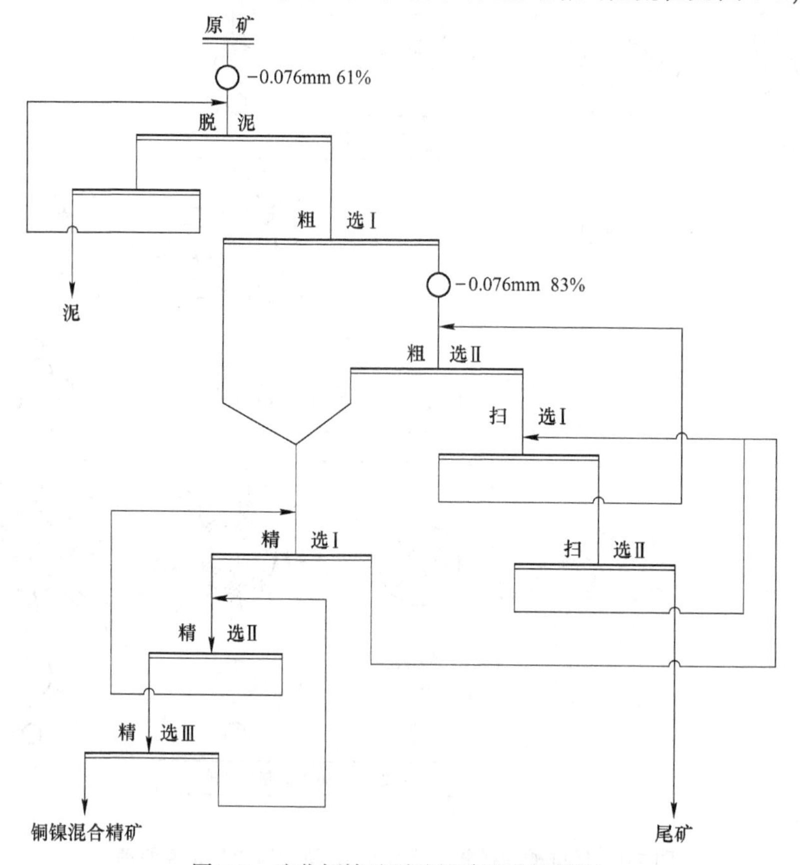

图 7-2　硫化铜镍矿浮选闭路试验流程图

制度见表7-3，浮选闭路试验结果见表7-4。试验采用六偏磷酸钠作为分散剂，CMC为脉石矿物抑制剂，硫酸铜为活化剂，FL为捕收剂，对原矿品位Ni 0.66%、Cu 0.29%的低品位硫化铜镍矿，经过脱泥、两次粗选、二次扫选和三次精选，可获得Ni 5.65%、Cu 2.53%的铜镍混合精矿，Ni、Cu回收率分别达到85.42%和86.69%。

表7-3 硫化铜镍矿浮选闭路试验药剂制度 (g/t)

作业名称	AT6497	FL	六偏磷酸钠	硫酸铜	CMC	2号油
脱泥	70					
粗选		160	250	60	120	40
扫选		80				
精选		30	150		50	20

表7-4 硫化铜镍矿浮选闭路试验结果

产品名称	产率/%	品位/%		回收率/%	
		Ni	Cu	Ni	Cu
泥	6.68	0.19	0.07	1.93	1.61
精矿	9.96	5.65	2.53	85.42	86.89
尾矿	83.36	0.10	0.04	12.65	11.50
原矿	100.00	0.66	0.29	100.00	100.00

7.2.2 低品位硫化铜镍矿浮选工业试验

在新疆哈密天隆低品位硫化铜镍矿浮选闭路试验的基础上，进行了浮选工业试验。工业试验稳定运行11天，共计32个班，工业试验流程见图7-3，药剂条件见表7-5，工业试验结果见表7-6。

针对哈密天隆镍矿的矿石性质，工业试验中对蛇纹石与滑石等镁硅酸盐矿物进行“强化分散-同步抑制”调控，采用六偏磷酸钠作为分散剂，CMC为脉石矿物抑制剂，硫酸铜为活化剂，乙黄药和Y89为捕收剂，对原矿品位Ni 0.53%、Cu 0.27%的低品位硫化铜镍矿，经过两次粗选、三次扫选和二次精选，获得Ni 5.68%、Cu 3.14%的铜镍混合精矿，Ni、Cu回收率分别达到80.23%和88.05%。工业试验浮选指标与现场的浮选指标相比，在原矿镍品位和精矿镍品位相近的情况下，精矿镍回收率提高3.04%，精矿铜品位提高0.37%，铜回收率提高9.92%。新疆哈密天隆镍矿的工业试验结果表明，低品位硫化铜镍矿强化浮选技术能显著提高铜镍金属的资源利用率。

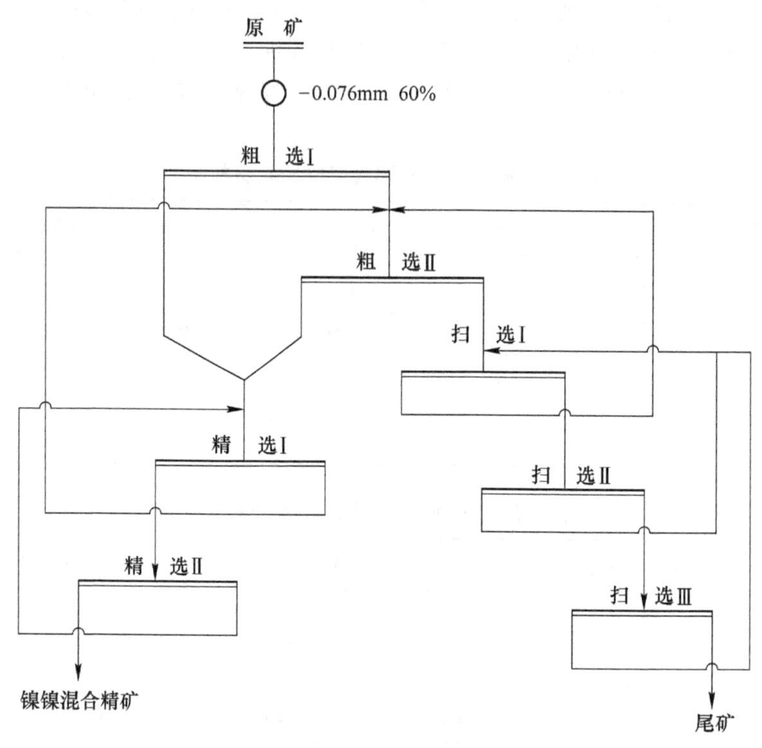

图 7-3　硫化铜镍矿浮选工业试验流程图

表 7-5　硫化铜镍矿浮选工业试验主要药剂用量　（g/t）

药剂名称	乙黄药	Y89	硫酸铜	六偏磷酸钠	CMC
用量	140	140	50	350	300

表 7-6　硫化铜镍矿浮选工业试验综合指标

	产品名称	产率/%	品位/%		回收率/%	
			Ni	Cu	Ni	Cu
现场浮选指标	精 矿	7. 12	5. 74	2. 77	77. 19	78. 13
	尾 矿	92. 43	0. 13	0. 06	22. 81	21. 87
	原 矿	100	0. 53	0. 25	100	100
工业试验浮选指标	精 矿	7. 55	5. 68	3. 14	80. 23	88. 05
	尾 矿	92. 45	0. 11	0. 03	19. 77	11. 95
	原 矿	100	0. 53	0. 27	100	100

7.3 本章小结

本章在前文的研究基础上，进行了多矿相人工混合矿浮选试验、硫化铜镍矿浮选闭路试验和工业试验。基于多矿相镁硅酸盐矿物“强化分散-同步抑制”调控原理，开发了硫化铜镍矿强化浮选技术，得到以下结论：

（1）多矿相人工混合矿浮选结果表明，单独对镁硅酸盐矿物进行分散或抑制调控不能实现硫化矿与多种脉石矿物的同步浮选分离。镁硅酸盐矿物“强化分散-同步抑制”调控是实现矿物高效浮选分离的有效途径。

（2）新疆哈密天隆低品位硫化铜镍矿浮选闭路试验结果表明，对原矿品位Ni 0.66%、Cu 0.29%的低品位硫化铜镍矿，经过两次粗选、二次扫选和三次精选，可获得 Ni 5.65%、Cu 2.53%的铜镍混合精矿，Ni、Cu 回收率分别达到85.42%和 86.69%。

（3）新疆哈密天隆低品位硫化铜镍矿浮选工业试验结果表明，对原矿品位Ni 0.53%、Cu 0.27%的低品位硫化铜镍矿，经过两次粗选、三次扫选和二次精选，获得 Ni 5.68%、Cu 3.14%的铜镍混合精矿，Ni、Cu 回收率分别达到80.23%和 88.05%。工业试验浮选指标与现场的浮选指标相比，在原矿镍品位和精矿镍品位相近的情况下，精矿镍回收率提高 3.04%，精矿铜品位提高 0.37%，铜回收率提高 9.92%。

结　语

本书以硫化铜镍矿中的主要含镁硅酸盐矿物的晶体结构与表面性质为基础，根据硫化铜镍矿浮选的技术特点和要求，通过浮选试验、沉降试验、Zeta 电位测试、润湿接触角测量、红外光谱测试、吸附量测定和显微镜观测等研究方法，重点研究了层状镁硅酸盐矿物的强化分散与选择性抑制，揭示了蛇纹石表面电性的调控机制，提出了矿物固液界面浮选剂分子间组装原理，形成了硫化铜镍矿强化浮选技术原型。主要结论如下：

（1）硫化铜镍矿中层状镁硅酸盐矿物主要包括蛇纹石、滑石和绿泥石，其晶体结构单元层由硅氧四面体与镁氧八面体组成。蛇纹石解离时镁氧八面体层断裂，表面暴露的镁氧键离子性强，水化作用强，天然亲水性好；滑石解离主要沿层间断裂，表面为残余的分子键，水化作用弱，天然疏水性好；绿泥石解离时表面同时暴露出分子键和镁氧键，天然疏水性介于蛇纹石与滑石之间。

（2）在水溶液中蛇纹石表面羟基易断裂，Mg^{2+}残留在蛇纹石表面使其荷正电，零电点为 10.0；滑石与绿泥石解离表面优先吸附溶液中的 OH^-，矿物表面荷负电，零电点分别为 3.0 和 4.4。而镍黄铁矿等硫化矿物表面荷负电，易与蛇纹石通过静电作用发生异相凝聚，影响硫化铜镍矿的浮选。

（3）蛇纹石与硫化矿颗粒间的异相凝聚，导致硫化矿对捕收剂的吸附能力降低，从而降低硫化矿的可浮性；蛇纹石与滑石矿物间的异相凝聚，一方面使滑石的可浮性降低，另一方面导致滑石对抑制剂的吸附能力降低，从而使滑石不能被完全抑制。聚合磷酸盐和水玻璃能较好地分散蛇纹石与硫化矿、蛇纹石与滑石，减弱甚至消除矿物颗粒间的异相凝聚。

（4）降低蛇纹石表面电位是消除矿物间异相凝聚的有效途径，而蛇纹石表面电性调控的关键在于蛇纹石表面镁向液相的迁移行为。即控制蛇纹石表面镁向液相迁移，减少双电层中定位离子的正电荷密度，从而降低蛇纹石表面电位。通过对蛇纹石表面电性的强化调控，消除了异相凝聚对硫化矿可浮性的影响，并实现了滑石的有效抑制。

（5）链状聚合磷酸盐能有效降低蛇纹石表面电位，其作用机制主要包括三个方面：1）促进蛇纹石表面的镁迁移到液相，降低蛇纹石的表面电位；2）与液相中的 Mg^{2+}作用生成稳定的可溶性配合物，阻止 Mg^{2+}向蛇纹石表面反吸附，保持蛇纹石表面的负电性；3）通过吸附在蛇纹石表面，进一步降低其表面电位。

（6）有机高分子聚合物古尔胶和 CMC 是滑石的有效抑制剂，但同时也抑制硫化矿的浮选；而巯基捕收剂黄药只与硫化矿作用，并不在滑石表面吸附。古尔胶和 CMC 主要通过分子链上的活性基团—COOH 和—OH 与矿物表面发生吸附，降低矿物表面的疏水性。优先添加捕收剂可以减弱抑制剂在硫化矿表面的吸附，增强浮选剂吸附的选择性。因此改变药剂添加顺序，调整捕收剂与抑制剂在矿物表面的分子间组装过程，能够增大硫化矿与滑石表面润湿性差异，有利于两者浮选分离。

（7）多矿相人工混合矿浮选结果表明，对镁硅酸盐矿物单独进行分散调控或选择性抑制调控不能实现硫化矿与多种脉石矿物的同步浮选分离。镁硅酸盐矿物“强化分散-同步抑制”调控是实现矿物高效浮选分离的有效途径。

（8）基于多矿相镁硅酸盐矿物“强化分散-同步抑制”调控原理，形成了硫化铜镍矿强化浮选技术。新疆哈密天隆镍矿浮选闭路试验结果表明，对原矿品位 Ni 0.66%、Cu 0.29%的低品位硫化铜镍矿，经过两次粗选、二次扫选和三次精选，可获得 Ni 5.65%、Cu 2.53%的铜镍混合精矿，Ni、Cu 回收率分别达到 85.42%和 86.69%。

（9）新疆哈密天隆镍矿浮选工业试验结果表明，对原矿品位 Ni 0.53%、Cu 0.27%的低品位硫化铜镍矿，经过两次粗选、三次扫选和二次精选，获得 Ni 5.68%、Cu 3.14%的铜镍混合精矿，Ni、Cu 回收率分别达到 80.23%和 88.05%。工业试验与现场的浮选指标相比，在精矿镍、铜品位相近的情况下，精矿镍回收率提高 3.04%，铜回收率提高 9.92%。

参考文献

[1] 胡秀梅．金平镍矿Ⅰ号岩体贫镍矿石工艺矿物学研究［D］．昆明：昆明理工大学，2006.

[2] 罗伟．腐泥土型红土镍矿高效提取及阻燃型氢氧化镁的制备研究［D］．长沙：中南大学，2009.

[3] 梁冬梅．云南金平硫化铜镍矿石选矿试验研究［D］．昆明：昆明理工大学，2009.

[4] 程少逸．金川三矿区低品位铜镍矿石工艺矿物学研究［J］．金属矿山，2011，(2)：85~89.

[5] 景洡．金川二矿区贫矿选矿工艺流程研究［D］．昆明：昆明理工大学，2006.

[6] 廖乾．金川低品位镍矿矿物学特性及选矿工艺技术研究［D］．长沙：中南大学，2010.

[7] 彭先淦．金川镍矿选矿的技术进步［J］．国外金属矿选矿，1998 (4)：30~32.

[8] 师伟红．金平镍矿选别的影响因素探讨［D］．昆明：昆明理工大学，2007.

[9] 李艳峰，费涌初．金川二矿区富矿石选矿的工艺矿物学研究［J］．矿冶，2006，15 (03)：99~101.

[10] 陈国山，包丽娜，刘树新．矿石学基础［M］．北京：冶金工业出版社，2010：49~84.

[11] 张秀品．金川二矿区富矿与龙首矿矿石混合浮选新工艺研究［D］．昆明：昆明理工大学，2006.

[12] 呼振峰，孙传尧．金川铜镍矿床中典型单矿物的提取［J］．有色金属，2001，53 (4)：73~79.

[13] 张秀品，戴惠新．某镍矿选矿降镁研究探讨［J］．云南冶金，2006，35 (3)：12~17.

[14] 彭容秋．镍冶金［M］．长沙：中南大学出版社，2005：6~88.

[15] 小博尔德．镍提取冶金［M］．金川有色金属公司，译．北京：冶金工业出版社，1977：36~121.

[16] Witney J Y, Yan D S. Reduction of magnesia in nickel concentrates by modification of the froth zone in column flotation [J]. Minerals Engineering, 1997, 10 (2): 139~154.

[17] Jowett L K. The influence of pH and dispersants on pentlandite-lizardite interactions and flotation selectivity [D]. Adelaide: University of South Australia, 1999.

[18] Chen G. The mechanisms of high intensity conditioning on Mt. Keith nickel ore [D]. Adelaide: University of South Australia, 1998.

[19] Senior G D, Thomas S A. Development and implementation of a new flowsheet for the flotation of a low grade nickel ore [J]. International Journal of Mineral Processing, 2005, 78 (1): 49~61.

[20] Ruonal M, Heimala S, Jounela S. Different aspects of using electrochemical potential measurements in mineral processing [J]. International Journal of Mineral Processing, 1997, 51 (1~4): 97~110.

[21] Lottera N O, Bradshawb, D J, Beckerb M, et al. A discussion of the occurrence and undesirable flotation behaviour of orthopyroxene and talc in the processing of mafic deposits [J]. Minerals Engineering, 2008, 21 (12~14): 905~912.

[22] Valery Jnr W, Morrell S. The development of a dynamic model for autogenous and semi-autogenous grinding [J]. Minerals Engineering, 1995, 8 (11): 1285~1297.

[23] Beckera M, Villiersb J, Bradshawa D. The flotation of magnetic and non-magnetic pyrrhotite from selected nickel ore deposits [J]. Minerals Engineering, 2010, 23 (11~13): 1045~1052.

[24] Xiao Z, Laplante A R, Finch J A. Quantifying the content of gravity recoverable platinum group minerals in ore samples [J]. Minerals Engineering, 2009, 22 (3): 304~310.

[25] Nanthakumar B, Kelebek S. Stagewise analysis of flotation by factorial design approach with an application to the flotation of oxidized pentlandite and pyrrhotite [J]. International Journal of Mineral Processing, 2007, 84 (1~4): 192~206.

[26] 唐敏, 张文彬. 流程结构的选择对微细粒铜镍硫化矿的浮选影响 [J]. 矿冶, 2008, 17 (3): 4~9.

[27] 李江涛, 库建刚, 程琼. 某硫化铜镍矿浮选试验研究 [J]. 矿产保护与利用, 2006, (1): 37~39.

[28] 赵晖, 李永辉, 张汉平, 等. 某复杂铜镍矿的选矿试验研究 [J]. 矿冶工程, 2009, 29 (5): 50~53.

[29] 胡显智, 张文彬. 金川镍铜矿精矿降镁研究与实践进展 [J]. 矿产保护与利用, 2003, (1): 34~37.

[30] 胡熙庚. 有色金属硫化矿选矿 [M]. 北京: 冶金工业出版社, 1987: 42~135.

[31] 许荣华. 硫化镍及硫化铜镍矿石选矿概述 [J]. 昆明理工大学学报, 2000, 25 (2): 2~5.

[32] 方启学, 胡永平, 卢寿慈. 硫化镍铜贫矿石分选工艺研究 [J]. 化工矿山技术, 1996, 25 (1): 21~25.

[33] 法克清, 等. 应用闪速浮选技术处理某铜镍矿石的研究 [J]. 有色金属 (选矿部分), 1998, (2): 11~14.

[34] 金大安. 金川铜镍矿闪速浮选工业试验后的思考 [J]. 矿冶, 1999, 8 (1): 35~38.

[35] 张新红, 周世伯. 金川二矿区矿石两产品方案选矿新工艺研究 [J]. 甘肃有色金属, 1990, (4): 9~13.

[36] 常永强. 金川二矿区贫矿石弱酸性介质选矿工艺试验研究 [J]. 中国矿山工程, 2004, 33 (2): 7~9.

[37] 彭先淦, 黄开国, 曾晓晰. 金川镍矿选矿的技术进步 [J]. 国外金属矿选矿, 1998, (4): 30~32.

[38] 周高云, 曾新民, 刘元科, 等. 新起泡剂 BK-206 在金川镍矿的应用研究 [J]. 有色金属 (选矿部分), 2000, (6): 32~35.

[39] 邢方丽, 肖宝清, 王中明. 铜镍矿铜镍分离技术研究进展 [J]. 矿冶, 2010, 19 (1): 25~32.

[40] 张凤君, 马玖彤, 李滦宁, 等. 硫化矿中铜镍的浸取研究 [J]. 长春科技大学学报, 1998, 28 (2): 231~234.

[41] 董春艳，李碧乐，孙丰月，等．难选多金属矿石中提取钴、镍、铜和金的试验研究［J］．矿产综合利用，2003，(2)：12~15.
[42] 李滦宁，马玖彤，张凤君，等．铜精矿中铜镍的浸出研究［J］．湿法冶金，2001，20(1)：14~17.
[43] 刘存华．新药剂在金川镍矿的应用研究［J］．中国矿山工程，2006，35（6)：11~14.
[44] 向平，李永战．高效硫化矿捕收起泡剂 PN405［J］．国外金属矿选矿，2002，(5)：24~26.
[45] 冯其明，张国范，卢毅屏．新型捕收剂 BS-4 对镍黄铁矿捕收性能及作用机理［J］．中南工业大学学报（自然科学版)，1999，30（3)：244~247.
[46] 张文翰．BF 系列捕收剂在金川公司选矿厂的应用［J］．甘肃冶金，2003，(S1)：57~59.
[47] 刘存华．提高金川铜镍矿铜回收率的探讨［J］．中国矿山工程，2004，33（1)：16~19.
[48] 曾新民．金川镍铜矿选矿降镁工艺研究与生产实践［J］．有色金属（选矿部分)，1996，(1)：1~5.
[49] 张国范，卢毅屏，冯其明．金川二矿区富矿石选矿新药剂应用研究［J］．湖南有色金属，2001，17（5)：6~48.
[50] 张国范．抑制剂 EP 降低镍精矿中氧化镁含量研究［J］．矿产保护与利用，1999，(3)：28~31.
[51] 熊文良，潘志兵，田喜林．改性淀粉在硫化镍矿浮选中的应用［J］．矿产综合利用，2008，(3)：13~15.
[52] 宁致强，宋国顺，王伟，等．选镍新药剂的研制［J］．有色矿冶，2003，19（5)：21~23.
[53] 陈志友．硫化矿浮选体系中滑石的分散研究［D］．长沙：中南大学，2005.
[54] 韩峰，王国庆．超声波在碳化法制备纳米碳酸钙中的应用［J］．精细化工，2002，19(1)：39~41.
[55] 陈飞跃，许勇．超细改性碳酸钙稀悬浮体的流变性质［J］．华东理工大学学报，1994，20(6)：750~752.
[56] 丁鹏．磷酸盐对蛇纹石的分散作用研究［D］．长沙：中南大学，2011.
[57] Rashchi F, Finch J A. Polyphosphates：a review their chemistry and application with particular reference to mineral processing［J］. Minerals Engineering, 2000, 13（10~11)：1019~1035.
[58] 徐刚．最新磷化工工艺技术手册［M］．北京：中国知识出版社，2005：255~259.
[59] 张国范，冯其明，卢毅屏，等．六偏磷酸钠在铝土矿浮选中的作用［J］．中南工业大学学报（自然科学版)，2001，32（2)：128~130.
[60] 张英，王毓华，汤玉和，等．某低品位铜镍硫化矿浮选试验研究［J］．矿冶工程，2009，29（3)：40~47.
[61] 王毓华，陈兴华，胡业民，等．磷酸盐对细粒铝硅酸盐矿物分散行为的影响［J］．中南大学学报（自然科学版)，2007，38（2)：238~244.
[62] 夏启斌，李忠，邱显扬，等．六偏磷酸钠对蛇纹石的分散机理研究［J］．矿冶工程，2002，22（2)：51~54.
[63] 罗家珂，杨久流．$(NaPO_3)_6$对方解石的分散作用机理［J］．有色金属，1999，51（2)：

15~18.
[64] 朱友益，毛钜凡．六偏磷酸钠等分散剂对微细粒菱锰矿的分散作用研究［J］．金属矿山，1990，(12)：51~54.
[65] 马军二．钛铁矿与钛辉石浮选分离中无机抑制剂的作用机理研究［D］．长沙：中南大学，2010.
[66] Takenaka T, Yamasaki K. Polarized resonance Raman spectra of adsorbed thin layers at the glass-water interface［J］. Journal of Colloid and Interface Science, 1980, 78（1）: 37~43.
[67] 方启学，黄国智，罗家珂，等．分散剂的分散效果与作用方式研究［J］．有色金属，2000，52（3）：37~41.
[68] 方启学．微细颗粒水基悬浮体分散的研究［J］．矿冶，1999，8（4）：24~32.
[69] 唐敏，张文彬．在微细粒铜镍硫化矿浮选中蛇纹石类脉石矿物浮选行为研究［J］．中国矿业，2008，17（2）：47~58.
[70] 周杰强．低品位胶磷矿浮选试验研究［D］．南宁：广西大学，2007.
[71] 罗琳，邱冠周，何伯泉，等．界面相互作用与石英、赤铁矿颗粒的凝聚行为［J］．中南工业大学学报（自然科学版），1996，27（2）：153~158.
[72] 王飞，张芹，邓冰，等．3种调整剂对微细粒胶磷矿分散行为的影响［J］．金属矿山，2011，(2)：57~59.
[73] 左倩，张芹，邓冰，等．3种调整剂对微细粒赤铁矿分散行为的影响［J］．金属矿山，2011，(2)：54~56.
[74] 杨稳权，罗廉明，张路莉，等．碳酸钠在云南胶磷矿正浮选中的作用效果探索［J］．化工矿物与加工，2008，(8)：1~3.
[75] 王毓华，陈兴华，胡业民．碳酸钠对细粒铝硅酸盐矿物分散行为的影响［J］．中国矿业大学学报，2007，36（3）：292~297.
[76] 朱玉霜，朱建光．浮选药剂的化学原理［M］．长沙：中南工业大学出版社，1987：45~78.
[77] 李党国．羧甲基纤维素钠的性质及其在造纸工业中的应用［J］．黑龙江造纸，2008，(3)：50~52.
[78] 李治华．含镁脉石矿物对镍黄铁矿浮选的影响［J］．中南矿冶学院学报，1993，24（1）：37~41.
[79] Bacchin P, Bonino J P, Martin F, et al. Surface pre-coating of talc particles by carboxyl methyl cellulose adsorption: Study of adsorption and consequences on surface properties and settling rate［J］. Colloids and Surfaces A, 2006, 272（3）: 211~219.
[80] Song S, Lopez-Valdivieso A, Martinez-Martinez C, et al. Improving fluorite flotation from ores by dispersion processing［J］. Minerals Engineering, 2006, 19（9）: 912~917.
[81] 胡永平，梁绪树，崔林．C_{28}捕收剂浮选钛铁矿的研究［J］．有色金属，1992，44（4）：26~30.
[82] 胡永平，张毅谨．混合捕收剂浮选细粒钛铁矿的研究［J］．有色金属，1994，46（3）：32~36.

[83] 张强，李正龙，王化军．采用混合捕收剂选别东鞍山难选铁矿石的研究［J］．金属矿山，1992，(6)：43~48.

[84] 乌瓦诺夫，等．氧化和复合铁矿石联合选矿法［M］．万起，等译．北京：冶金工业出版社，1990：46~94.

[85] 刘芳，孙传尧．无机阴离子与十二胺捕收剂添加顺序对硅酸盐矿物浮选的影响［J］．中国矿业，2011，20（5）：71~74.

[86] 朱友益，张强，卢寿慈．酸化水玻璃在萤石浮选提纯中的作用［J］．矿冶工程，1991：16（1）：29~32.

[87] 胡熙庚．浮选理论与工艺［M］．长沙：中南工业大学出版社，1991：32~47.

[88] 孙传尧，印万忠．硅酸盐矿物浮选原理［M］．北京：科学出版社，2001：69~86.

[89] 陈泉源，余永富．氟化物在硅铁分离中的应用及作用机理［J］．矿冶工程，1988，8（3）：18~22.

[90] 张国范，马军二，朱阳戈，等．含硅抑制剂对钛辉石的抑制作用［J］．中国有色金属学报，2010，20（12）：2419~2424.

[91] 周文波，张一敏．调整剂对隐晶质菱镁矿与白云石分离的影响［J］．矿产综合利用，2002，(5)：21~23.

[92] 邓海波，朱海玲，何小民，等．抑制剂对红柱石和石英浮选分离的影响研究［J］．化工矿物与加工，2011，(6)：14~16.

[93] 崔林，刘均彪．金红石和石榴石浮选分离的研究［J］．化工矿山技术，1986，(5)：32~35.

[94] 梁友伟．贵州某地白钨矿选矿试验研究［J］．矿产综合利用，2010，(2)：3~6.

[95] 刘玺．消除易浮脉石对硫化矿石浮选的影响［J］．有色金属（选矿部分），1979，(5)：64~65.

[96] 吕晋芳，童雄，崔毅琦．云南低品位铜镍矿选矿试验研究［J］．矿产综合利用，2011，(3)：25~28.

[97] Parolis L A S, van der Merwe R, Groenmyer G V, et al. The influence of metal cations on the behaviour of carboxymethyl celluloses as talc depressants [J]. Colloids and Surfaces A: Physicochemical and Engineering Aspects. 2008, 317 (1~3): 109~115.

[98] Pugh R J. Macromolecular organic depressants in sulphide flotation-A review, 2. Theoretical analysis of the forces involved in the depressant action [J]. International Journal of Mineral Processing, 1989, 25 (1~2): 131~146.

[99] Cawood S R, Harris P J, Bradshaw D J. A simple method for establishing whether the adsorption of polysaccharides on talc is a reversible process [J]. Minerals Engineering, 2005, 18 (10): 1060~1063.

[100] Morris G E, Fornasiero D, Ralston J. Polymer depressants at the talc-water interface: adsorption isotherm, microflotation and electrokinetic studies [J]. International Journal of Mineral Processing, 2002, 67 (1~4): 211~227.

[101] Shortridge P G, Harris P J, Bradshaw D J, et al. The effect of chemical composition and mo-

lecular weight of polysaccharide depressants on the flotation of talc [J]. International Journal of Mineral Processing, 2000, 59 (3): 215~224.
[102] Bakinov K G, Vaneev I J, Gorlovsky S I, et al. New methods of sulphide concentrate upgrading [C]. 7th International Mineral Processing Congress, 1964: 227~238.
[103] Rath R K, Subramanian S, Laskowski J S. Adsorption of dextrin and guar gum onto talc. A comparative study [J]. Langmuir, 1997, 13 (23): 6260~6266.
[104] 皮尔斯. 化学药剂在矿物加工中的应用概况 [J]. 国外金属矿选矿, 2005, (5): 5~9.
[105] Laskowski J S, Liu Q, O' Connor C T. Current understanding of the mechanism of polysaccharide adsorption at the mineral/aqueous solution interface [J]. International Journal of Mineral Processing, 2007, 84 (1~4): 215~224.
[106] 刘一山. 瓜尔胶及其衍生物的在造纸行业的应用 [J]. 西南造纸, 2006, 35 (2): 48~51.
[107] 罗彤彤. 半乳甘露聚糖植物胶在选矿上的应用 [J]. 铜业工程, 2011, (1): 12~15.
[108] Makarinsky F M. 加拿大卡尼奇矿山解决滑石问题实现镍-铜浮选 [J]. 国外金属矿选矿, 1976, (Z4): 22~27.
[109] Wang J, Somasundaran P, Nagaraj D R. Adsorption mechanism of guar gum at solid-liquid interfaces [J]. Minerals Engineering, 2005, 18 (1): 77~81.
[110] Ma X D, Pawlik M. Role of background ions in guar gum adsorption on oxide minerals and kaolinite [J]. Journal of Colloid and Interface Science, 2007, 313 (2): 440~448.
[111] Rath R K, Subramanian S. Studies on adsorption of guar gum onto biotite mica [J]. Minerals engineering, 1997, 10 (12): 1405~1420.
[112] 程平平. 复合阳离子捕收剂的合成及其对铝硅酸盐矿物的浮选性能研究 [D]. 长沙: 中南大学, 2009.
[113] 吴永云. 淀粉在选矿工艺中的应用 [J]. 国外金属矿选矿, 1999, (11): 26~30.
[114] 帕夫洛维奇. 淀粉、直链淀粉、支链淀粉和葡萄糖单体的吸附作用及其对赤铁矿和石英浮选的影响 [J]. 国外金属矿选矿, 2004, (6): 27~30.
[115] 周灵初, 张一敏. 淀粉对红柱石矿浮选分离过程的影响研究 [J]. 矿冶工程, 2011, 31 (2): 35~41.
[116] Zhou L C, Zhang Y M. Flotation separation of Xixia andalusite ore [J]. Transactions of Nonferrous Metals Society of China, 2011, 21 (6): 1388~1392.
[117] 李海普. 变性淀粉在铝硅矿物浮选分离中的作用机理 [J]. 中国有色金属学报, 2001, 11 (4): 697~701.
[118] 涂照姝, 刘文礼, 黄锐, 等. 抑制剂在煤泥浮选中的作用机理及应用 [J]. 煤炭加工与综合利用, 2010, (3): 6~9.
[119] 顾帼华, 朴正杰, 邹毅仁, 等. 阴离子淀粉对铝硅酸盐矿物浮选的影响及机理研究 [J]. 矿冶工程, 2010, 30 (2): 28~34.
[120] 顾帼华, 邹毅仁, 胡岳华, 等. 阴离子淀粉对一水硬铝石和伊利石浮选行为的影响 [J]. 中国矿业大学学报, 2008, 37 (6): 864~867.

[121] Pinto C L L, de Araujo A C, Peres A E C. The effect of starch, amylose and amylopectin on the depression of oxi-minerals [J]. Minerals Engineering, 1992, 5 (3~5): 469~478.

[122] 张剑锋. 新型有机抑制剂的合成及结构与性能关系研究 [D]. 长沙: 中南大学, 2002.

[123] Somasundaran P. Adsorption of starch and oleate and interaction between them on calcite in aqueous solutions [J]. Journal of Colloid and Interface Science, 1969, 31 (4): 557~565.

[124] Subramanian S, Santhiya D, Natarajan K A. Surface modification studies on sulphide minerals using bioreagents [J]. International Journal of Mineral Processing, 2003, 72 (1-4): 175~188.

[125] Subramanian S, Natarjan K S, Sathyanarayana D N. FTIR spectroscopic studies on the adsorption of an oxidized starch on some oxide minerals [J]. Minerals and Metallurgical Processing, 1989, 6 (3): 152~158.

[126] Liu Q, Laskowski J S. The interaction between dextrin and metal hydroxides in aqueous solutions [J]. Journal of Colloid and Interface Science, 1989, 130 (1): 101~111.

[127] kennedy J F, Barker S A, Humphreys J D. Insoluble complexes of amino-acids, peptides, and enzymes with metal hydroxides [J]. Journal of the Chemical Society, Perkin Transactions 1, 1976, (9): 962~967.

[128] Kennedy J F, Barker S A, White C A. The adsorption of D-glucans by magnetic cellulose and other magnetic forms of hydrous titanium (Ⅳ) oxide [J]. Carbohydrate Research, 1977, 54 (1): 1~12.

[129] Bulatovic S M. Use of organic polymers in the flotation of polymetallic ores: A review [J]. Minerals Engineering, 1999, 12 (4): 341~354.

[130] Miller J D, Laskowski J S, Chang S S. Dextrin adsorption by oxidized coal [J]. Colloids and surfaces, 1983, 8 (2): 137~151.

[131] Khosla N K, Bhagat R P, Gandhi K S. Calorimetric and other interaction studies on mineral-starch adsorption systems [J]. Colloids and surfaces, 1984, 8 (4): 321~326.

[132] O'Connor C T, Dunne R C, Martalas A. The adsorption of oleate and the guar-based gum, acrol LG-21, onto apatite and calcite [J]. Colloids and Surfaces, 1987, 27 (4): 357~365.

[133] 郭昌槐, 胡熙庚. 蛇纹石矿泥对金川含镍磁黄铁矿浮选特性的影响 [J]. 矿冶工程, 1984, 4 (2): 28~32.

[134] 关杰, 东乃良. 镁 (Ⅱ) 存在的浮选体系中镍黄铁矿的浮选行为 [J]. 有色金属, 1985, 37 (4): 29~36.

[135] 贾木欣, 孙传尧, 费涌初, 等. 金川矿石中脉石矿物易浮原因的探讨 [J]. 矿冶, 2007, 16 (3): 99~100.

[136] 邱显扬, 俞继华, 戴子林. 镍黄铁矿浮选中抑制剂的作用 [J]. 广东有色金属学报, 1999, 9 (2): 86~89.

[137] 冯其明, 张国范, 卢毅屏. 蛇纹石对镍黄铁矿浮选的影响及其抑制剂研究现状 [J]. 矿产保护与利用, 1997, (5): 19~22.

[138] 高玉德, 胡春晖, 邓丽红, 等. 降低金川镍精矿氧化镁含量的研究 [J]. 广东有色金属

学报，2000，10（2）：2~3.

[139] 吴熙群，李成必，罗琳，等．开发冬瓜山铜矿资源选矿原则方案探讨［J］．有色金属（选矿部分），2003，（5）：1~6.

[140] 周乐光．矿石学基础［M］．第2版．北京：冶金工业出版社，2002：67~93.

[141] 张心平，罗琳，王淑秋，等．冬瓜山铜矿石浮选新工艺新程研究［J］．有色金属（选矿部分），1999，（2）：1~6.

[142] 潘兆橹．结晶学及矿物学（下册）［M］．3版．北京：地质出版社，1994：164~184.

[143] Senior G D, Trahar W J, Guy P J. The selective flotation of pentlandite from a nickel ore [J]. International Journal of Mineral Processing, 1995, 43 (3~4): 209~234.

[144] Wiese J, Harris P, Bradshaw D. The response of sulphide and gangue minerals in selected Merensky ores to increased depressant dosages [J]. Minerals Engineering, 2007, 20 (10): 986~995.

[145] 李安全．冬瓜山难选铜矿石分选的原则方案初探［J］．有色金属（选矿部分），1998，（1）：6~9.

[146] 董燧珍．含滑石钼矿的选别工艺试验研究［J］．矿产综合利用，2006，（1）：7~12.

[147] 蒋玉珍．从含铜多金属矿中综合回收滑石的试验研究［J］．矿产保护与利用，1999，（6）：41~43.

[148] Beattie D A, Huynh L, Kaggwa G B N. The effect of polysaccharides and polyacrylamides on the depression of talc and the flotation of sulphide minerals [J]. Minerals Engineering, 2006, 19 (6-8): 598~608.

[149] 阴宪卿，李福寿．降低镍精矿中氧化镁含量的试验研究［J］．矿冶，2001，10（2）：1~4.

[150] 张小云，黎铉海．辉钼矿与滑石的分选试验［J］．湖南有色金属，1997，13（1）：15~16.

[151] 李亮．河北省安妥岭辉钼矿黑云母、绿泥石特征研究［D］．北京：中国地质大学，2011.

[152] Fornasiero D, Ralston J. Cu (II) and Ni (II) activation in the flotation of quartz, serpentine and chlorite [J]. International Journal of Mineral Processing, 2005, 76 (1~2): 75~81.

[153] 叶雪均，余瑞三．铜镍硫化矿石直接浮选小型试验研究［J］．矿产综合利用，2004，（2）：6~11.

[154] 杨勇杰，姜瑞芝，陈英红，等．苯酚硫酸法测定杂多糖含量的研究［J］．中成药，2005，27（6）：706~708.

[155] 国土资源科学数据共享矿物数据库［DB/OL］. http://www.geoscience.cn/mineral/.

[156] 冯其明，杨艳霞，刘琨，等．采用纤蛇纹石制备纳米纤维状多孔氧化硅［J］．中南大学学报（自然科学版），2007，38（6）：1088~1093.

[157] 江绍英．蛇纹石矿物学及性能测试［M］．北京：地质出版社，1987：86~103.

[158] 闻辂．矿物红外光谱学［M］．重庆：重庆大学出版社，1988：89~103.

[159] 丁浩，崔林．六偏磷酸钠在金红石与硅钙质矿物浮选分离中的作用机理［J］．有色金

属, 1991, 43 (4): 33~40.

[160] 谢晶曦. 红外光谱在有机化学和药物化学中的应用 [M]. 北京: 科学出版社, 1987: 32~96.

[161] Jager H D, Heyns A M. Study of the hydrolysis of sodium polyphosphate in water using Raman spectroscopy [J]. Applied Sectroscopy, 1998, 52 (6): 808~814.

[162] 何铁林. 水处理化学品手册 [J]. 北京: 化学工业出版社, 2000: 132~133.

[163] 刘预知. 无机物质理化性质及重要反应方程式手册 [M]. 成都: 成都科技大学出版社, 1994: 385~427.

[164] 邱冠周, 胡岳华, 王淀佐. 颗粒间相互作用与细粒浮选 [M]. 长沙: 中南工业大学出版社, 1993: 26~72.

[165] Hiemenz P C. Principles of Colloid and Surface Chemistry [M]. New York: Marcel Dekker, 1997: 45~92.

[166] Bremmell K E, Fornasiero D, Ralston J. Pentlandite-lizardite interactions and implications for their separation by flotation [J]. Colloids and Surfaces A: Physicochemical and Engineering Aspects, 2005, 252 (2~3): 207~212.

[167] Sharma P K, Rao K H. Adhesion of Paenibacillus polymyxa on chalcopyrite and pyrite: surface thermodynamics and extended DLVO theory [J]. Colloids and Surfaces B: Biointerfaces, 2003, 29 (1): 21~38.

[168] Bellamy L J. Infrared spectroscopy of complex molecules [M]. New York: Halsted Press, 1975: 67~93.

[169] 沈德言. 红外光谱法在高分子研究中的应用 [M]. 北京: 科学出版社, 1982: 66~78.

[170] Rath R K, Subramanian S, Pradeep T. Surface chemical studies on pyrite in the presence of polysaccharide-based flotation depressants [J]. Journal of Colloid and Interface Science, 2000, 229 (1): 82~91.

[171] 张芹, 胡岳华, 顾帼华, 等. 磁黄铁矿与乙黄药相互作用电化学浮选红外光谱的研究 [J]. 矿冶工程, 2004, 24 (5): 42~44.